トンボの不思議

新井　裕

丸善出版

トンボの不思議◉目次

パート3◉30種類の見分け方

作図／新井 裕

はじめに

中学1年生のときだったと思う。ある初夏の日曜日に、虫の好きな同級生と連れだって鎌倉《かまくら》市の郊外へ昆虫採集に出かけた。私はそれまでも夏になれば、家の近所でトンボやセミを追いかけるのを日課にしていたのだが、電車で遠方へ虫採りに行くというのは初体験であった。

電車を降りてハイキング道を進むと、防火用水《ぼうかようすい》の上をお回《まわ》りしているヤンマに出会った。なかなか網の届く射程《しゃてい》距離に近づいてくれなかったのだが、粘った末にやっとそれを捕獲できた。それは生まれて初めて目にするトンボだった。エメラルドグリーンに輝く大きな目玉、濃緑色《のうりょくしょく》の胴体《どうたい》、翡翠《ひすい》を散りばめたようなしっぽ。日本にこんなに美しい昆虫がいたのか！　その美しさと、もがくヤンマから伝わる命の響き、初めて捕まえたうれしさ、それらが一体となって私の心を捉《とら》えてしまった。その日以来、私はトンボの世界にのめり込んだ。

それから40年、相変わらずトンボを追い続けている。ときおり、知人から「そんなに長くトンボを追いかけて、よく飽《あ》きないものだね」と呆《あき》れられる。とんでもない！　飽《あ》きるどころかトンボの世界は知れば知るほど、謎が深まり、興味が尽きないものだ。これから先も、ずっとトンボを追い続けることだろう。

日本はトンボの種類や数が多いトンボの宝庫《ほうこ》で、その国に暮らす日本人もトンボ好きな民族だといわれる。確かに「夕焼け小焼けのアカトンボ」で始まる「赤トンボ」は最も愛唱されている童謡である。それが愛される所以《ゆえん》は、もの悲しいメロディとともに、赤トンボという、懐《なつ》かしい故郷を思い出させる生き物が登場することも一因《いちいん》であろう。また、最近は各地でトンボ池作りが盛んになり、トンボを復活させようという動きがある。これも、トンボという昆虫に共感を持つ人々が少なくないことを示す証拠だ。しかし、私のように、トンボを見ているのが飯《めし》より好きだ、という人間には滅多にお目にかからない。

日本にはトンボ学会をはじめいくつかのトンボ愛好団体があるが、その全てを合わせたところで、会員数は400人くらいなものである。1億5千万の日本の人口からすれば、点にもならないような少数派だ。

トンボの世界はこんなに面白いのに……。

トンボのことをもっと知ってもらいたい。そしてトンボを好きになってもらいたい。その想《おも》いが本書の出版の動機である。

しかし、その想《おも》いとは裏腹《うらはら》に、最近では、トンボが怖くてさわれないという子供達が少なくない。そんな子供達ばかりが成人した社会を想像すると、空《そら》恐ろしくも、悲しくもなる。トンボの魅力を伝える努力をしなければと、これまでトンボの観察会や講習会、撮影会などをやってきた。しかし、そのような手段では、ごく一部の人々にしか想《おも》いを伝えられない。その点、出版は1度に多数の人々に伝達できる可能性を秘めている。だが悲しいかな、私にはトンボの世界の面白さを十分に伝えるだけの文才はない。ただ自分で観察したことを通して、想《おも》いの丈《たけ》をぶつけるのみである。

そのため、本書には、思い込みや、あるいは間違った記述があるかも知れないが、お許し願いたい。本書を通して、あなたとトンボとのよい出会いがあることを願っている。

トンボは、幼虫時代は水中に住み、成虫になると大空を飛び交《か》いながら地上で暮らす生き物である。このような暮らしをする昆虫としては、ゲンゴロウやホタル、カゲロウなどいくつかのグループがあるが、トンボほどダイナミックに、そして多様に暮らすものはほかにないだろう。もし、自分がトンボだとして、薄暗《うすぐら》い水中の生活から、太陽が燦々《さんさん》と輝く大空を飛ぶ生活が想像できるだろうか？　絶対にできないと思う。それは、人間でたとえれば、この世とあの世とくらいの異次元の世界であろう。つまり、一口にトンボと言っても、幼虫の世界と成虫のそれとは全く異なる世界ではないだろうか。

そう考えて、本書では幼虫（ヤゴ）時代の暮らしを紹介する水中編と、成虫時代の生活を描いた空中編とに分

図1：トンボとヤゴ

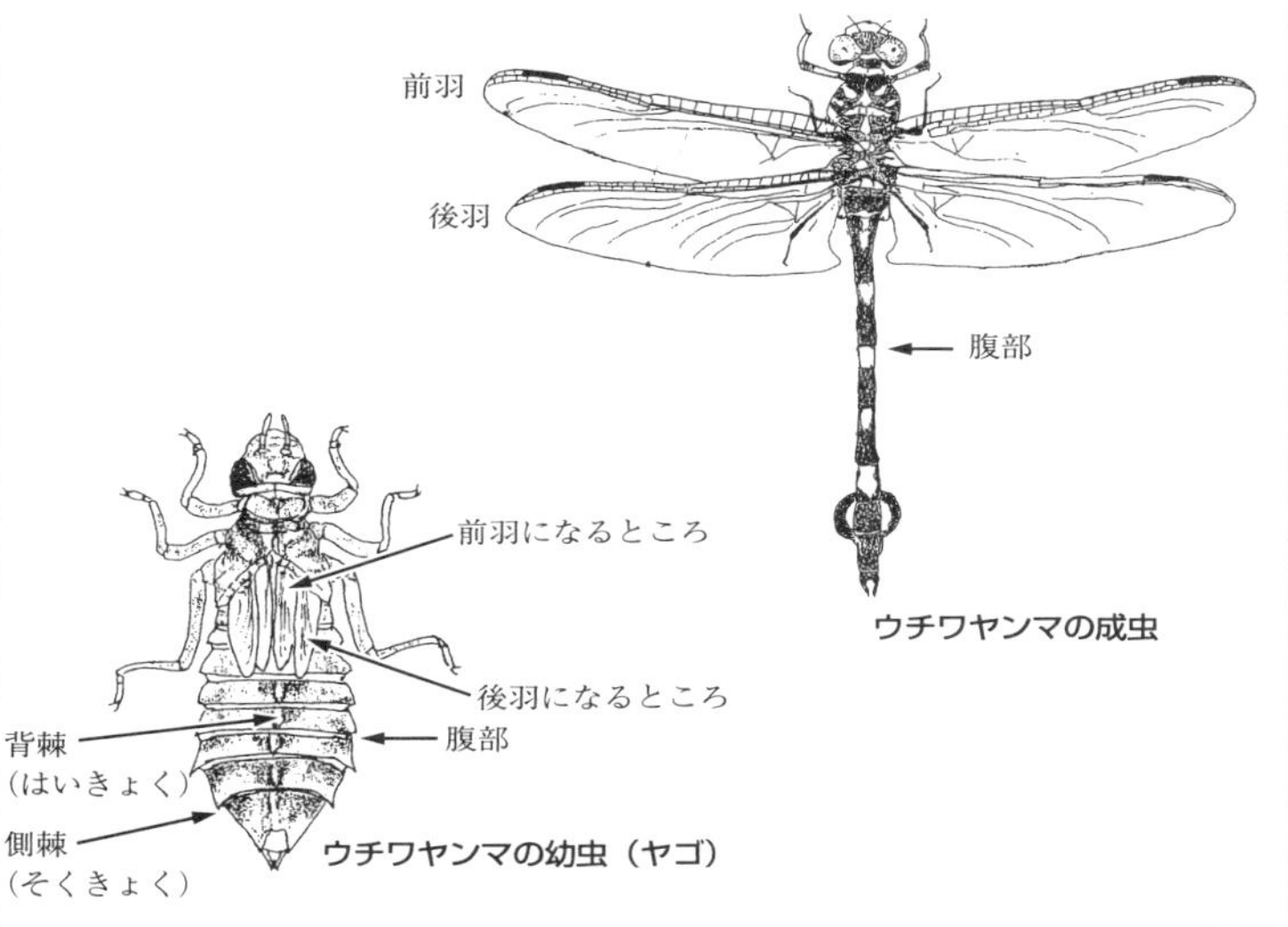
前羽
後羽
腹部
ウチワヤンマの成虫
前羽になるところ
後羽になるところ
背棘
（はいきょく）
腹部
側棘
（そくきょく）
ウチワヤンマの幼虫（ヤゴ）

けて構成することにした。また、トンボに親しむための1歩として、名前を知ることも大切だと考え、都会などでも見られるトンボの見分け方を加えることにした。

パート1◉空中編

トンボ・クイズ

日本人はトンボによいイメージを持っているようだ。「トンボ鉛筆」、「トンボ学生服」などトンボを社名にしている企業があったり、「あかとんぼ」という看板を掲《かか》げた飲み屋を見かけることもある。ギンヤンマを見るとぞくぞくする、という中高年の男性は結構《けっこう》多いし、たいていの人は、シオカラトンボやオニヤンマ、ハグロトンボなど数種類のトンボの名をあげることができる。このように、トンボはよく知られた好感の持たれている昆虫であるが、意外と生態などは知られていないものだ。

皆さんは大空を気持ちよさそうに飛ぶトンボを見て、トンボは何のために飛んでいるのだろう、と疑問に思ったことがあるだろうか。小さい頃トンボを捕まえた経験を持つ方も多いだろうが、そのとき、トンボがどんな顔や形をしていたか、じっくり眺めただろうか。トンボはよく見かける生き物ではあっても、その姿をじっくり見たり、暮らしに想《おも》いを馳《は》せる、なんてことは滅多にないものである。

私が世話役を務めている「寄居《よりい》町にトンボ公園を作る会」のイベントとして「トンボ公園祭り」を毎年行っている。その中のプログラムの1つである、「トンボ・イエス・ノー・クイズ」は人気番組である。これはトンボについて、3つの側面からそれぞれ5問の問題を出し、全問正解すると賞品を出すという遊びである。

これまでの問題は次のようなものである。皆さんは全問正解で賞品をゲットできるであろうか？イエスかノーで答えていただきたい。

［形態に関する問題］
第1問：トンボには耳がある。
第2問：どんなトンボも、目の色は水色である。
第3問：トンボにはひげ（触角《しょっかく》）がない。
第4問：トンボの幼虫のヤゴにはえらがある。
第5問：シオカラトンボとムギワラトンボは別の種類である。
［分布に関する問題］
第1問：日本で見られるトンボは、約50種である。
第2問：日本で見られるトンボの中には、外国から海を渡って来るものがある。
第3問：日本には、世界で1番小さなトンボがいる。
第4問：外国には、海の中で暮らすヤゴがいる。
第5問：南極にもトンボが見られる。
［生態に関する問題］
第1問：トンボの幼虫は、水草を食べている。
第2問：ヤゴはエサを食べて大きくなるが、成虫になるといくらエサを食べても、それ以上は大きくならない。
第3問：トンボは水を飲まない。
第4問：日本に住むトンボの中には成虫で冬を越すものもいる。

か。

第5問：トンボは全て水中に卵を産む。

正解を順に明かすと、形態問題がノー、ノー、ノー、イエス、ノー、分布問題がノー、イエス、イエス、ノー、ノー、生態問題がノー、イエス、ノー、イエス、ノーである。成績はいかがだっただろうか。本書の読者はトンボに関心が高い方が多いと思うが、全問正解した方は少ないのではないだろうか。

トンボは大きな目玉と立派《りっぱ》な羽、細長いしっぽ（腹部）を持ち、脚《あし》や触角《しょっかく》は貧弱で、誰が見てもほかの昆虫と見分けがつく。ところが、時々《ときどき》「ひげが長いトンボを捕まえたが図鑑にも載《の》っていない。新種だろうか？」という問い合わせを受けることがある。それはツノトンボという昆虫で、いわゆるトンボの仲間ではない。図鑑にもちゃんと載《の》っている。

トンボは南極や北極を除いて、ほぼ世界中に住んでおり、世界で6000種類ほどが知られている。そのうち日本では約200種類が記録されている。日本のトンボの中で1番大きいのは、おなじみのオニヤンマで、頭の先からしっぽの先まで10センチ前後もある。反対に日本で1番小さいトンボはハッチョウトンボで、2センチそこそこしかなく、トンボというよりアブのような印象を受ける。これは世界ランクのトップに入る小ささだ。

親子を対象にしたトンボ観察会を行うことがあるが、その際、イトトンボのような小さなトンボを見つけたお母さんから、「これはまだ子供ですか？」という質問を受けることがある。トンボに限らず、昆虫は成虫になったらそれ以上大きくならないし、どんなに小さくとも成虫は子供ではなく大人である。

先ほどの質問の答えをここでいくつか明かしたが、ほかの問題の答えについては本文の中でおいおい述べていくことにしよう。

飛ぶための羽こそ命

大きなトンボも小さなトンボも、大きな目玉でエサや外敵を見つけ、羽を使って巧《たく》みに飛び回り、エサを捕まえたり外敵から逃れたりする。

トンボの暮らしは飛ぶことによって成り立っているといえる。余談だが、トンボの名は「飛ぶ棒」から来たという説もあるくらいである（あまり信憑性《しんぴょうせい》はないらしいが）。

トンボの飛行速度は、最大時速100キロにも及ぶという。高速で飛べるだけではなく、飛びながらエサを捕まえたり、空中でメスを捉《とら》えて交尾《こうび》することもできる。水面をかすめるように飛んで水を飲んだり、ダイビングして水浴びもやってのける。その名の通りとんぼ返りを行ったかと思うと、ホバリングといって、飛びながら空中の1点で静止するという芸当も朝飯《あさめし》前だ。グライダーのように羽をふるわせずに滑空《かっくう》することもできる。まさにトンボは地球上で最も巧《たく》みに飛ぶことができる生き物といえよう。

トンボの羽は2対4枚ある。羽には縦横《じゅうおう》に多数の脈（翅脈《しみゃく》）が走っている。一見でたらめのように見える脈だが、脈の配列は一定の決まりがあり、トンボのグループ分けの重要なポイントとなっている。この脈は障子《しょうじ》のさんのように、薄《うす》く破れやすい羽を保護する役目を持っているのだろう。前縁《ぜんえん》（上の方）の脈は太く頑丈《がんじょう》なのに対し、後縁《こうえん》の脈（下の方）は細く密になっている。

羽は平らなように思うが、よく見ると脈に沿って、でこぼこになっていることが分かる。

トンボの羽は無色透明のものが多い。しかし、熱帯に住むトンボには、緑や紫にキラキラと輝く美しい羽を持つ種類が多く、日本にも真っ黒なもの、オレンジ色のもの、青紫色に輝くものもいる。

トンボの胸の皮膚をそっとはがすと、縦《たて》に張った筋肉が現れる。胸じゅう筋肉だらけといった感じである。トンボの羽はこの強大な筋肉を使って力強く羽ばたき、巧《たく》みに飛行するのである。その羽ばたき回数は1秒間に30回にも及ぶ。

また、左右の羽を交互に動かすことにより、チョウのように上下に揺れることなく、真っ直ぐに飛ぶことができる。

図２：トンボの羽

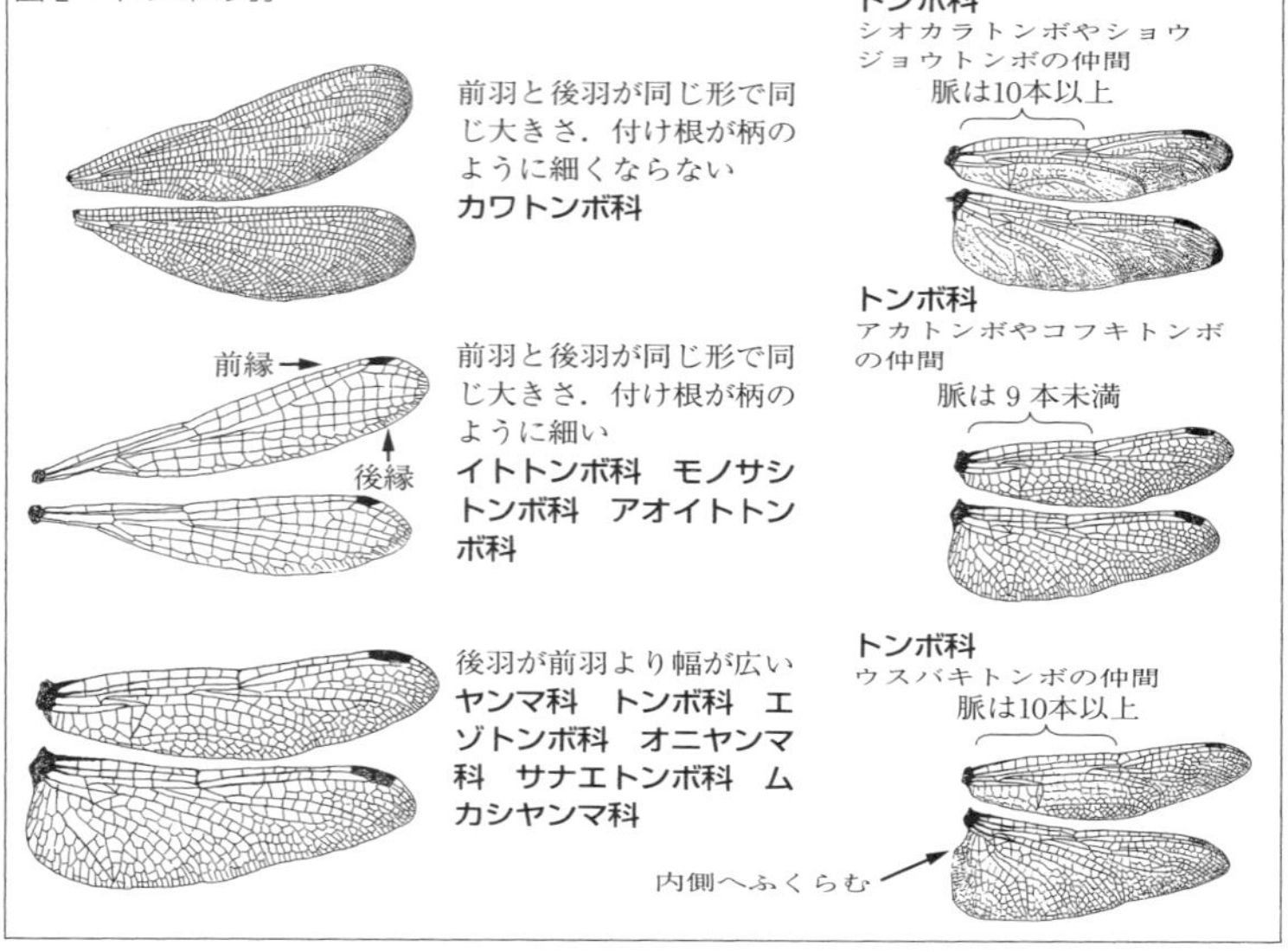
前羽と後羽が同じ形で同じ大きさ．付け根が柄のように細くならない
カワトンボ科
前縁
後縁
前羽と後羽が同じ形で同じ大きさ．付け根が柄のように細い
イトトンボ科　モノサシトンボ科　アオイトトンボ科
後羽が前羽より幅が広い
ヤンマ科　トンボ科　エゾトンボ科　オニヤンマ科　サナエトンボ科　ムカシヤンマ科
トンボ科
シオカラトンボやショウジョウトンボの仲間
脈は10本以上
トンボ科
アカトンボやコフキトンボの仲間
脈は９本未満
トンボ科
ウスバキトンボの仲間
脈は10本以上
内側へふくらむ

宝石より美しい目

羽とともにトンボの体を特徴づけるのは、大きな目玉である。トンボの頭を背面から見ると、目が大部分を占めていることが分かる。後ろの方まで目があるのだから、人が背後からそっと近づいても、すぐに見つかってしまうはずである。しかもトンボは首を回転することができるので、あらゆる方向が見渡せそうである。

トンボの目は複眼《ふくがん》と呼ばれ、個眼《こがん》という小さな目が1万〜2万5千個も集まってできている。ヤンマ類などでは個眼《こがん》をよく見ると、上の方が下の方よりいくらか大きい。上の方の個眼《こがん》は多くの光線を感じて遠くの方まで見えるが識別《しきべつ》能力は低く、下の方の個眼《こがん》は近くの物体を識別《しきべつ》できるという。

「トンボの眼鏡は水色めがね」と始まる童謡から、トンボの複眼《ふくがん》は青いものと思いがちである。確かに青い色をした種類もいるが、緑色、真っ赤、茶色など実にカラフルで、中には上半分と下半分で色が違う種類さえいる。青や緑に輝くトンボの複眼《ふくがん》は、宝石をしのぐ美しさだと思うのだが、死ぬと瞬《またた》くまに輝きと透明感を失い、茶色く干《ひ》からびてしまう。トンボの複眼《ふくがん》は命の輝きを象徴している。

頭のてっぺんには、単眼《たんがん》と呼ばれる小さな目が3つある。この単眼《たんがん》は光りの強度を認知していると考えられているので、これで昼間か夜かを判断しているのだろう。

ところで、トンボが見ている世界とはどのようなものであろうか？

真っ赤なアカトンボ、黄緑色のギンヤンマ、全身黒ずくめのハグロトンボ、トンボの体色は実に変化に富んでいる。また、オスとメスとで体色が異なる種類も多い。種類や性別によって色が異なることは、トンボに色の識別《しきべつ》ができることを物語っている。

　読者の中には、トンボ釣《つ》りをやったことがある方がいるだろう。これはメスを捕まえて糸で縛《しば》り、それを竹ざおに結んでオスの前で振り回し、オスがメスを追いかけて絡《から》み合ったところを取り押さえる採集方法である。通常、獲物の対象はギンヤンマで、おとりとしてギンヤンマのメスが必要なのだが、メスは滅多に採れない。そこで、オスをメスのようにしておとりに使うのである。ギンヤンマのオスとメスは腹部の付け根の色が異なり、オスは水色をしているが、メスは黄緑色である。そこで、オスの水色の部分を葉っぱの汁などで黄緑色に塗ってメスに見せかけると、飛んできたオスはメスと間違えてつるんでしまうのである。このことは、人間が水色と黄緑色を区別しているように、ギンヤンマも区別していることを示している。

　また、時々《ときどき》、ビニールハウスや車の屋根を水面と間違えて産卵《さんらん》しているトンボを目にすることがある。これはピカピカ光るビニールや車の屋根を水面と間違えてしま

図３：トンボの顔

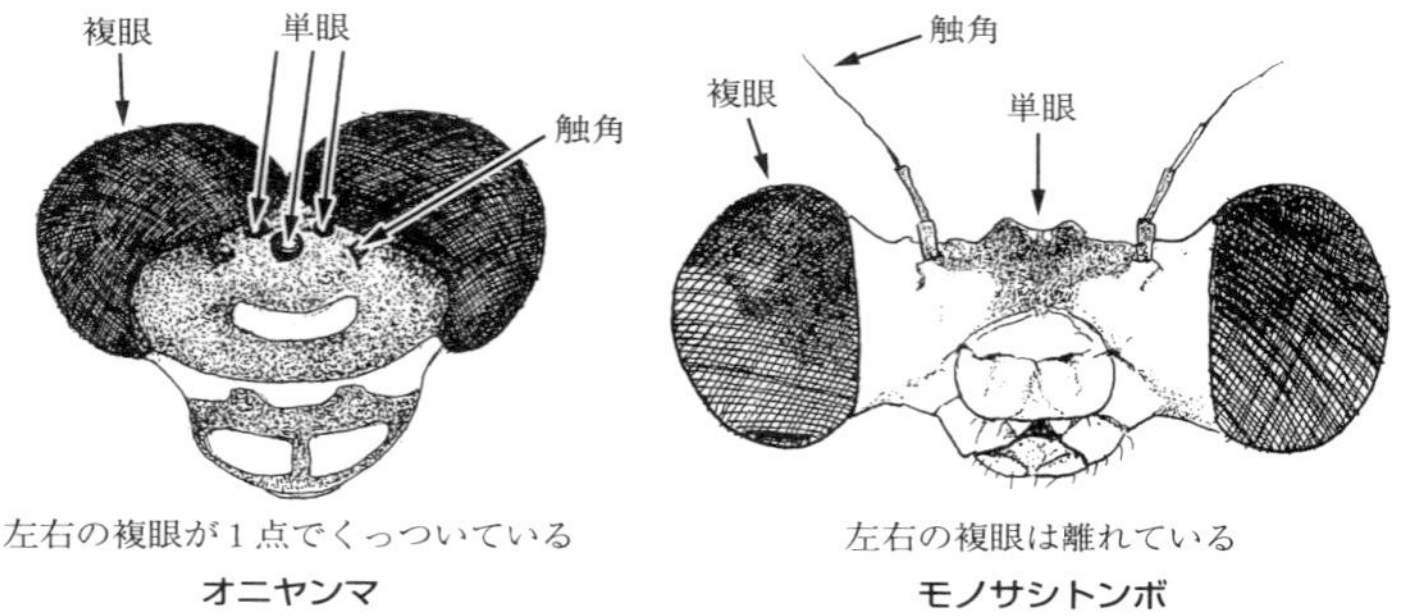

複眼
単眼
触角
左右の複眼が１点でくっついている
オニヤンマ
触角
複眼
単眼
左右の複眼は離れている
モノサシトンボ

うためで、人間だって遠くから見るとビニールを水面と間違うことがある。こうしてみると、トンボの視覚は結《けっ》構《こう》私たち人間と似ているような気がしてくる。

　もちろん人間と昆虫とでは目に見える光線の範囲が異なり、人間には見えない紫外線が昆虫には見えるというから、トンボの見ている色と、私たちとでは異なっているかも知れない。我々が黄色とオレンジ色を識別《しきべつ》していても、トンボには同じ色に見えるかも知れないし、逆に私たちが同じに見えるアカトンボの赤色が、トンボには種類によって異なった色に見えている可能性もある。さらに、トンボは色や大きさは識別《しきべつ》はできても、形の識別《しきべつ》は得意ではないらしいことなど、人間と似ているように思えても、かなり異なった視覚世界のようでもある。

貧弱だけどないと困る

トンボの脚《あし》は体に比べてかなり貧弱である。とても歩くのに耐えられないようで、事実私はいまだかつて、トンボがちょこちょこと駆《か》け足をしているのを見たことがな

図４：ギンヤンマのオスとメス

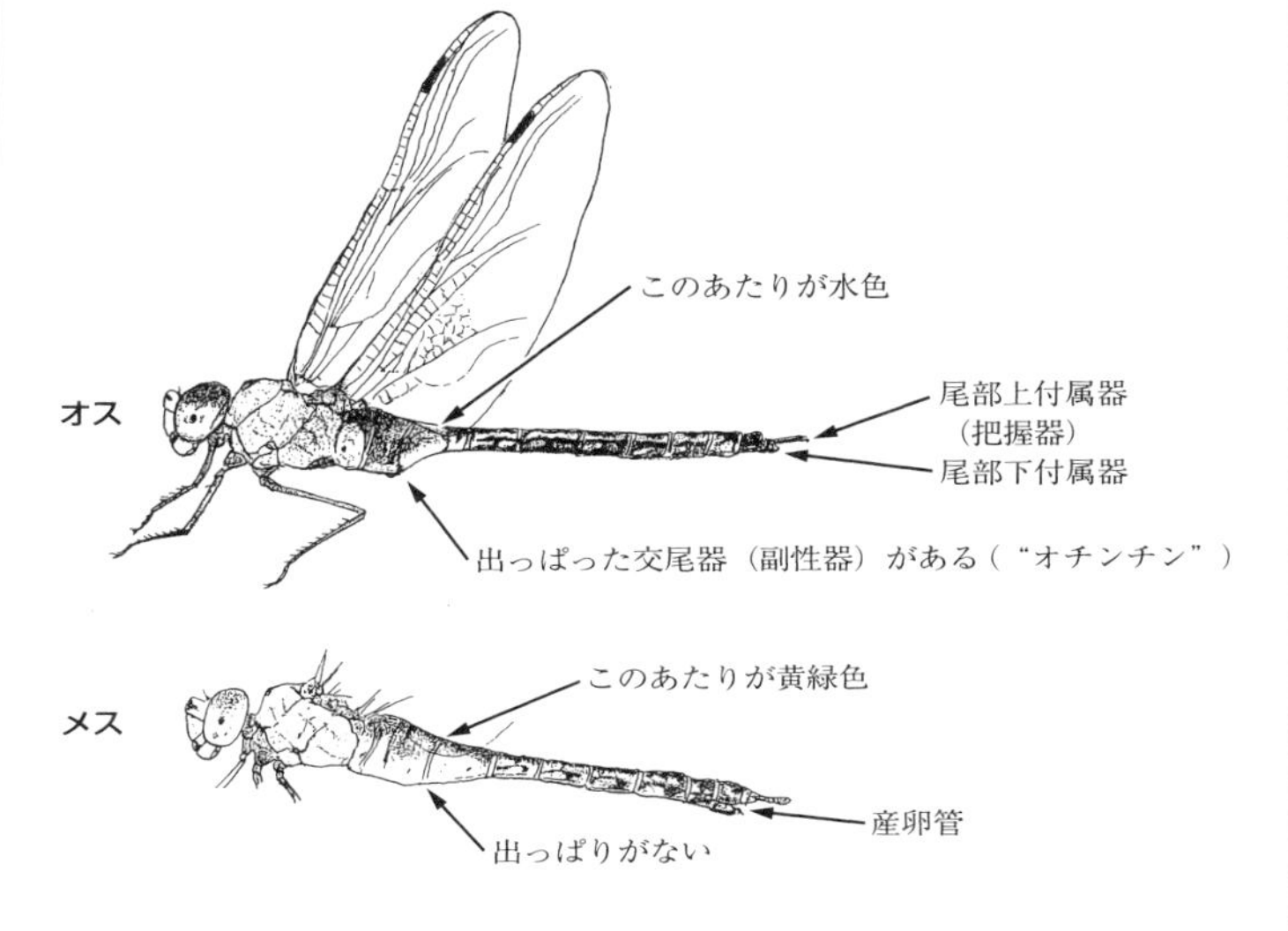

オス
このあたりが水色
尾部上付属器
（把握器）
尾部下付属器
出っぱった交尾器（副性器）がある（“オチンチン”）
メス
このあたりが黄緑色
産卵管
出っぱりがない

い。トンボの脚《あし》はエサを捕まえたり、物につかまったりする程度の働きしかないようである。

脚《あし》は3対、計6本あり、前脚のついている首のように見えるところが「前胸《ぜんきょう》」、真ん中の脚《あし》がついているのが「中胸《ちゅうきょう》」、後脚がついているところが「後胸《こうきょう》」と呼ばれている。脚《あし》をよく見ると内側にたくさんのトゲがあり、さわるとザラザラする。これは捕まえた獲物を逃がさないようにするためだろう。3対のうちで1番長いのが後脚で、止まるときは後脚をまっ先に延ばして着地するし、エサを捕まえるときも後脚が役に立つようである。

昆虫の場合、臭《にお》いや音を感知する器官は触角《しょっかく》である。いわゆる鼻や耳はない。トンボの触角《しょっかく》は頭のてっぺんにあるが、細く短い貧弱なものである。このことからトンボは臭《にお》いも音も感知できないと考えられているようだ。いつだったかあるテレビ局から、「オニヤンマを、扇風機を回して採るという裏技《うらわざ》が視聴者から寄せられたが、どうだろうか?」という問い合わせをいただいた。以前に私もオニヤンマのオスが、エアコンのファンをめがけて何度も突進するのを見たことがあったので、「回転する扇風機のプロペラをメスの羽と間違えてやって来るのではないか」と答えた。しかし、高速で回転するときに発する音が、トンボの羽音《はおと》と似ているために、音を察知《さっち》して近づいてくるのかも知れない。トンボの感覚世界はまだまだ、私たち人間にとって未知の世界で、トンボは音が聞こえないと断言はできないように思う。

暮らしの目的

水辺で羽化《うか》（幼虫から成虫に脱皮《だっぴ》すること）したトンボは、みずみずしく輝く羽を、キラキラさせて飛び立つ。これを処女飛翔《しょじょひしょう》といい、まさに乙女《おとめ》の初々《ういうい》しさがある。ほとんどの種類は弱々しく飛び立って、数メートル離れた草や木の葉に止まるのだが、中には一気に遠方に飛び去って、視界から去ってしまうものもある。いずれにしろ、トンボは羽化《うか》した場所から離れた場所へ移動して、空中生活の第1歩を始める。

成虫が暮らす目的は子孫を残すことである。寿命の短い昆虫の中には、成虫になるとすぐに、交尾《こうび》や産卵《さんらん》を行うものが多いが、トンボは成虫の寿命が比較的長い昆虫で、羽化《うか》してしばらくしないと生《せい》殖《しょく》能力を身につけることができない。そのため、成熟するまでの成虫の仕事は、エサを食べて丈夫な体を作ることで、朝から晩までせっせとエサを追いかける。トンボの主なエサは、カやハエなど空中を飛び回る小さな昆虫であるが、時には葉っぱに止まっているアブラムシを捕まえたり、自分と大差ない大きさのトンボを襲うこともある。肉食ばかりのせいか、のどが渇《かわ》くらしく、時々《ときどき》水も飲む。

やがて成熟すると、今度は交尾《こうび》や産卵《さんらん》が重要な仕事となる。そのため成熟したトンボは水辺に戻って繁殖のために時を費《つい》やし、その合間《あいま》に食事をとるのが日課となる。

成熟の有無《うむ》にかかわらず、トンボは昼間活動し、夜になると木の茂みや草むらなどで眠る。

トンボの1日の生活は単純といえば単純であるが、人間だって同じようなもので、朝、昼、晩と食事をとり、その間に仕事をし、夜は眠るというパターンの繰り返しである。しかし、人間と違って、雨が降れば、エサを採ることも、交尾《こうび》や産卵《さんらん》も我慢させられる。ただひたすら雨が止むのを待つしかないのだ。もし、羽化《うか》してから何日も何日も雨が降り続いたら餓死《がし》してしまうかも知れない。もちろん飛ぶことができる程度の小雨だったら活動は可能である。雨が長く降り続いた場合には、通常なら活動しないような小雨の中で、エサを追い求めたり、交尾《こうび》や産卵《さんらん》をすることもある。

生まれ故郷にとどまらないわけ

前述のように、羽化《うか》したトンボは羽化《うか》場所から離れた場所で暮らし、成熟すると水辺に戻って交尾《こうび》や産卵《さんらん》を行う。成熟するまでの期間は1～2週間の種類が多いようだが、アカトンボの仲間だと2～3ヶ月、成虫で冬を越す種類では、なんと8ヶ月にもなる。

種類によってずいぶん違うものである。その理由は、それぞれの種類に適した時期に卵を産んだり、羽化《うか》をするように、成熟するまでの期間を調整しているためではないだろうか。

羽化《うか》場所から離れる距離も種類によって大差がある。あとで述べるアキアカネのように何十キロも移動する種類があるかと思えば、羽化《うか》した水辺のすぐ近くで過ごす種類もある。

トンボは、生まれ故郷の水辺に戻って産卵《さんらん》するのか、別の場所の水辺を探して産卵《さんらん》するのか、興味ある点である。今のところはっきりとは分からないが、種類によって元の場所に固執《こしつ》するものと、そうでないものとがあるようだ。また、同じ種類であっても、遠くまで移動分散する個体と、そうでないものとがあるように思う。一般的なトンボの移動距離は1キロ前後であり、この範囲内にトンボ池を作ることによって、その保護が図《はか》れると唱える研究者もいる。しかし、移動距離が1キロほどと考えられている種類でも、その範囲に適当な水辺がないときには、もっと遠くまで移動することがあるように思う。

ところで、水辺で成熟するまで過ごせば、交尾《こうび》のための雌雄《しゆう》の出会いも簡単だと思うのだが、なぜか羽化《うか》場所にはとどまらない。その理由として先ず思い浮かぶのは、遺伝子の交換である。同じ場所で世代交代を繰り返していたら、近親交配《きんしんこうはい》の弊害《へいがい》を招くことになるため、あちこち飛び回って、血筋《ちすじ》の違う雌雄《しゆう》が結ばれる必要があるのだろう。また、いつ自分の生まれ故郷の環境が悪くなって住めなくなるかも知れない。その時に備えて新天地を探し求めておくことも必要であろう。また、肉食昆虫であるトンボは、1ヶ所でとどまっているとエサ不足になる危険がある。エサの豊富な場所で十分体力を付け、立派《りっぱ》な子孫を残すことも大切だ。暑さに弱い種類では、より涼しい場所を求めて移動する必要もあろう。羽化《うか》して間もない弱々しいトンボが見通しのよい水辺にいては、外敵に襲われる危険性があるため、目立たないところへ移動する必要があるのかも知れない。

羽化《うか》後の移動分散にはこのように様々な理由が考えられるが、そのうちよく知られているのが、アカトンボの山への避暑《ひしょ》移動である。

アカトンボというトンボはいない

余談になるが、アカンボはトンボの中ではおなじみで、アカトンボという種類がいると思っている人が多い。しかし、実はアカトンボというのはグループ名で、アカトンボという名の種類はいない。

このグループは世界で50種ほど知られ、その分布域はヨーロッパや北アメリカなど温帯地域の冷涼《れいりょう》な場所に限られる。日本には20種ほどのアカトンボが分布しており、アキアカネ、ナツアカネなどアカネと名づけられているものが多い。

アカトンボは、その名のように、赤い種類が多いが、中には黒い色をしたアカトンボや、青いアカトンボもおり、赤いからアカトンボの仲間、というわけではない。トンボのグループ分けは翅脈《しみゃく》などによって行われており、ある一定の翅脈《しみゃく》配列を持つトンボがアカトンボに属し、たまたまその仲間には赤い色をしているものが多い、ということである（16頁の図2参照）。

また、アカトンボはみんな避暑《ひしょ》旅行をすると勘違《かんちが》いされがちで、先日もテレビのニュースで嘘《うそ》を言っていた。それは、ウスバキトンボを映しながら、暑い中でもアカトンボが山から下りてきて、秋の訪れを感じさせるというものであった。「ウスバキトンボはオレンジ色をしているが、アカトンボの仲間ではないし、このトンボは盛夏を代表するトンボだ！」テレビに向かってそうどなると、家内に「お父さんはいつもそんな細かいことで腹を立てる。もっと大物になりなさい！」とたしなめられた。

避暑《ひしょ》旅行をするといわれるアカトンボは、アキアカネという種類である。アキアカネは梅雨《つゆ》のさなかに、平地や丘陵地《きゅうりょうち》の田んぼや浅い水たまりで羽化《うか》する。アキアカネの羽化《うか》期はかなり短く、東京付近では6月上旬～中旬である。ほとんどの人はアキアカネは秋に現れると思い込んでいるようであるが（ネーミングがよくなかった！）、実は初夏に発生するのである。だからこの時期によく注意していると、木立や芝生などで羽化《うか》したばかりのアキアカネを見ることができる。しかし、その頃のアキアカネはオレンジ色をしていて、秋に見る赤いアキアカネとはだいぶ違った感じを受ける。それに、すぐに山を目指して姿を消してしまうため、その存在に気がつかないのである。夏休みに高原地帯に遊びに行くと、オレンジ色をしたトンボがたくさん飛んでいることがあるが、それが山で夏を過ごしているアキアカネである。

このアキアカネは秋の訪れとともに体が赤く変わり、山から里に下りて田んぼや水たまりで産卵《さんらん》し、命が尽きるのである。

避暑《ひしょ》旅行

アキアカネの移動は、何が引き金となって起こされるのかよく分からないし、どのようにして移動の方向を見定めるのかも不明である。

いずれにしろ移動することは確かで、しばしば集団での移動が目撃され、時にはニュースになることがある。とくに初夏に見られる移動は、アカトンボの季節ではないため「天変地異《てんぺんちい》の前ぶれか？」といった見出しで報じられることがある。

私も何度かアキアカネが集団で移動する光景を目にすることができた。ここでは、埼玉県秩父《ちちぶ》市に職場があった1982〜1997年の間に目撃した事例を紹介しよう。

この15年間の勤務期間中に、集団移動を目撃したのは、合計19回である。いずれも、外で仕事をしていたときに、たまたま目撃したもので、さぼって空ばかりを見上げていたわけではないので、誤解のないように。ただし、同時に仕事をしていた同僚はその移動には全く気づかなかったので、私だけが空を気にしていたことは告白しなければならない。

私が目撃した集団移動というのは、上空を次から次へ一定の方向を目指して飛んで行くもので、視界の及ぶ範囲でざっと数えると1分間に120〜130匹程度が移動した。これが1〜2時間続くのであるから、全体では万のオーダーで移動するものと思われる。このような集団移動は前述のように19回目撃したのだが、そのうち初夏に目撃したのは4回、秋の目撃は15回と秋の方が圧倒的に多かった。このことから、初夏の移動は個々バラバラに移動して集団化しにくいのに対し、秋は一斉《いっせい》に移動するのではないかと思われる。

初夏の場合の移動方向は、目撃した4例中3例が東から来て西の方向へ、1例がその逆の西から東へ向かうものであった。観察地点から見た場合、東は大宮市《おおみや》など平地の方向、西は奥秩父《おくちちぶ》の山岳方向である。このことから、例外はあるものの、初夏には里から山へ向かっているといえそうである。初夏の集団移動が見られた日は、いずれもどんよりと曇った風のない日であった。風のない曇天《どんてん》の日を選ぶのは、風に流されたり、羽化《うか》したての弱々しい皮膚が、強烈な初夏の日射《ひざ》しを受けて傷《いた》むのを避けるためであろう。

一方、秋の集団移動は、9月上旬を中心に8月下旬から10月上旬にかけて目撃した。15回の目撃のうち12例が初夏とは反対方向の西から東への移動、3例が南から北へ向かうもので、大半が奥秩父《おくちちぶ》方面の山岳地域から、平地の方向へ移動していたといえよう。この秋の集団移動は、いずれも晴れ間のある風の弱い日で、時刻は午後4時~6時に見られた。

初夏の場合も、秋の場合も、移動中のトンボの飛び方には2つのタイプがあった。その1つは、どの個体も一直線に一定の速度で飛び続けるもので、もう1つは、前進と後退を繰り返しつつ移動するものである。後者の移動は、ある程度進むと、急にくるっと向きを変えて反対方向へ後戻りし、再びさっきと同じ方向に飛ぶというもので、各個体がこのような飛び方をするため、一見デタラメに飛んでいるように見えるが、後退距離より前進距離の方が大きいため、群れ全体としてみると一定の方向に移動していた。このような前進と後退を繰り返す移動は、地上にいた無数の個体が突然上空に舞い始め、まるで黒い塵《ちり》が漂《ただよ》うような状態になったり、上空に突然湧《わ》くようにアキアカネが現れたときに限って見られた。先ほど初夏の移動で1例だけ西から東へ移動したと述べたが、それはこのようなケースの移動であった。このことから、エサを求めて上空に舞い上がった個体が、エサを求めてあちこち飛び回ったあと、食事を済ますとそのまま前進したり後退しながら飛び続けて移動の方向を定め、方向が決まった時点で直線的に移動するようになるのではないかと考えている。

その謎を解明するには

秩父《ちちぶ》市で観察したアキアカネの移動個体は、奥秩父《おくちちぶ》の高山帯へ移動すると考えてよさそうだが、関東周辺にはほかにもたくさんの山がある。私自身の観察やこれまでの知見を総合すると、アキアカネの移動先は、標高1300～1500メートル以上の高山帯のようである。もし羽化《うか》場所の近くにそのような高山があれば、移動距離は短くて済むし、近くになければ長くなるだろう。

私が住んでいる埼玉県の寄居《よりい》町は、標高が90メートルほどの地点にあり、田んぼではアキアカネの羽化《うか》が見られる。ここで羽化《うか》したアキアカネはどの山を目指すのだろうか。地図を開いて標高千数百メートルの手近な山を探すと、甲武信岳《こぶしだけ》をはじめとする奥秩父山塊《おくちちぶさんかい》、または浅間山《あさまやま》、榛名山《はるなさん》、あるいは、もっと先の谷川岳《たにがわだけ》など上越《じょうえつ》の山々ということになる。その距離は直線で100キロから120キロ程度である。高度差があるので、実際には、もっと長い距離になるであろうが、仮に120キロ移動するとした場合、何日くらいかかるか試算してみよう。

移動中のアキアカネの飛翔《ひしょう》速度は、ゆっくり漕《こ》いだ自転車くらいなので、時速10キロか15キロであろう。1日何時間くらい移動するかは分からないが、集団移動は1〜2時間継続することが多いことから、1時間以上に及ぶのではないかと思う。仮に時速15キロで、1日1時間半移動したとすると、1日の移動距離は22キロとなり、5〜6日あれば120キロ先の目的地に到着する計算になる。アキアカネは人間が考える以上にたやすく、山と里とを移動しているのかも知れない。

ところで、アキアカネは毎年同じ山へ登るのであろうか、それとも年や個体によって別々の山に登るのだろうか。もし同じ山に登るとしたら、決まったルートというものがあるのだろうか？ その方向はどうやって見定めるのであろうか。次々と疑問が湧《わ》いてくる。その謎を解く1番の方法は、羽化《うか》した場所でトンボに印をつけ、その行き先や戻ってくる地点を突き止めることである。この方法はこれまで何人かの研究者が試みているし、三重県のある団体では、今日まで20年以上も調査を行っているという。しかし、あまりはかばかしい成果はあがっていないようである。何しろ日本中で何十万、何百万というアキアカネが羽化《うか》するのだから、その一部に印をつけたとしても、再発見される確率はごく僅《わず》かである。しかも、標識をつけた個体が69キロ離れたところで再捕獲されたという例があり、かなり長距離を移動する。そうなると、広範囲で大がかりな調査が必要となる。日本中どこにでもいるトンボにたくさんマークをつけて、それを見つけ出すなどといった作業は、少人数でできることではない。アキアカネがどこに移動しようが、私たちの生活には関係ないと言ってしまえばそれまでであるが、ここはひとつ、環境省あたりが声をかけて、国民的イベントとして、全国一斉《いっせい》にマークをつけ、そのアキアカネをみんなで探したりしたら楽しいのではないか。まあ、そのくらい大々的にやらないと、アキアカネの移動の謎は解けそうにない。

定説に疑問あり

アキアカネの高山への移動は、暑さを避けるため、というのが定説になっていて、子供向けの絵本にもそう書いてある。暑い夏を涼しい高山で過ごし、秋になって涼しくなると山を下りてくるというのは、分かりやすい筋立《すじだ》てだし、人間の避暑《ひしょ》と似ていて納得しやすい。しかし、もしそうなら、しのぎやすい冷夏の年には山へ移動しなくてもよさそうなものだし、逆に残暑が厳《きび》しい猛暑の年には、山から下りてくるのが遅くなるはずである。しかしながら、冷夏であろうと猛暑であろうと毎年決まった時期に高山に現れ、決まった時期に里に下りてくる。さらには最近の研究によって、高山に登らず、丘陵地《きゅうりょうち》で夏を過ごす個体の存在も知られるようになってきた。

考えてみれば、暑い夏を山で過ごすという避暑法《ひしょ》を採用しているのはアキアカネだけである。他のアカトンボは夏を樹上で過ごしたり、木陰に入ったりして暑さを避けている。アキアカネだけがほかのアカトンボより、ことさら暑さに弱いとも思えない。アキアカネの長旅の本当の理由は避暑《ひしょ》ではないのかも知れない。ひねくれ者の私は定説に疑問を抱くのが大好きなのだが、では理由は？　と問われると返答に窮《きゅう》してしまう。

ところで、実はアキアカネのほかにもう1種類、山地へ長距離移動するトンボが知られている。それはミヤマサナエというトンボで、平地の川で羽化《うか》して、1000メートル級の山へ移動すると言われている。私も、標高700メートルほどの秩父《ちちぶ》郡大滝《おおたき》村の荒川《あらかわ》源流で、若い成虫を見つけたことがある。荒川《あらかわ》でこのトンボの幼虫が生息している最上流は、秩父《ちちぶ》郡皆野《みなの》町である。このことから仮にこの個体が皆野町《みなの》で発生したとすると、源流域まで直線距離にして約24キロ遡《さかのぼ》ったことになる。しかし荒川《あらかわ》ではこれより下流の熊谷《くまがや》市以降まで幼虫が分布しているので、仮に熊谷《くまがや》市辺りで羽化《うか》して、それが大滝《おおたき》村の山中まで移動したのだとすれば、距離は50〜60キロくらいにのぼり、標高差は600メートル以上に達することになる。

ただし、ミヤマサナエの場合はアキアカネのように山でたくさん見つかるわけではない。かといって盛夏時には平地でも見つからない。初夏に平地の川でたくさん羽化《うか》し、羽化《うか》が見られた場所で晩夏〜初秋に産卵《さんらん》が見られるのだが、その間の足取りは謎に包まれている。

ドラえもんが出す「タケコプター」でもあれば、羽化《うか》して飛んでいくトンボのあとを追いかけるのだが、当分そんな便利な乗り物ができそうにはない。

海を渡るトンボの話

長旅といえば、アキアカネやミヤマサナエをしのぐ長距離移動をするトンボもいる。「海を渡るトンボ」として知られるウスバキトンボである。

オレンジ色をしているので、アカトンボのようだが、アカトンボの仲間ではない。関東地方では8月半ばのお盆の頃に多いため、俗《ぞく》に「精霊《せいれい》トンボ」と呼ばれ、ご先祖様のお使いだから採ってはいけないと、子供の頃に言われたものである。田んぼや原っぱ、運動場など、明るい場所を群れ飛ぶ習性があり、東京のど真ん中でも目にすることができる。夏の暑い日に飛び回っているウスバキトンボの群れを見ると、空き地の原っぱで草野球をやった少年時代を思い出す。

図鑑によれば、このトンボは、春に、東南アジアや沖縄など冬も暖かい地方から海上を飛んで九州や四国の沿岸に第1陣が飛来《ひらい》する。1世代の長さは1ヶ月余りと短く、世代を繰り返しながら北上して、ついには北海道の先まで達するが、寒さに弱いために、冬の訪れとともに北国の個体から死滅してしまい、毎年、南方の地から飛来《ひらい》を繰り返すという。

すごいトンボがいるものだ、と感心する反面、では九州や四国にたどり着いてからどのようなルートで北進《ほくしん》するのか。寒さに弱いというが、何度くらいの気温で死んでしまうのか。世代を繰り返すというが、日本にやって来て何世代繰り返すのか。死滅すると分かっていながら、なぜやって来て、北へ北へと向かうのか。疑問が次々と湧《わ》いてくる。

図鑑に書いてあるとそれだけで分かったような気になってしまうが、分からないことばかりではないか。ひとつ調べてみようと思い立った。

秩父《ちちぶ》までやって来る

調べるといってもサラリーマン稼業《かぎょう》のアマチュア研究者である。四国や九州へ行ってウスバキトンボが飛んで来るのを待っているわけにはいかない。

そこで、当時勤務場所のあった埼玉県秩父《ちちぶ》市で調べてみることにした。テーマは、秩父《ちちぶ》ではいつ頃飛来《ひらい》し、何世代繰り返して、いつ頃いなくなるのか、気温が何度まで下がったら死滅してしまうのか、という点である。

いつ飛来《ひらい》して、いついなくなるのかについては、成虫を初めて見た日と最後に見た日を毎年記録するという方法をとった。1985年から1994年までの10年間に記録した結果は、最も早く成虫の姿を見たのは1994年の6月27日、逆に最も遅かったのが1989年の7月17日で、10年間を平均した初見日《しょけんび》は7月7日となった。

一方、終見日《しゅうけんび》は早い年が10月3日、遅い年が11月12日、平均終見日《しゅうけんび》は10月25日だった。つまり、秩父《ちちぶ》市での平均的な出現期間は、7月上旬から10月下旬までの3ヶ月余りということになる。また、その間の成虫の個体数の推移を知るため、1993年と94年に、勤務場所の敷地内に一定のコースを決め、晴れた日の昼休みにコースを1周して成虫の個体数をカウントした。その一方で、この近辺の水たまりでウスバキトンボの抜《ぬ》け殻《がら》を集め、羽化《うか》個体数の推移を調べた。

その結果、成虫の個体数は7月と8月、それに9月に増加し、羽化《うか》は8月と9月に行われることが分かった。これらのことから、秩父《ちちぶ》地方へは7月上旬に飛来《ひらい》し、それが産卵《さんらん》して幼虫となったものが1ヶ月後の8月に2世代目の成虫となって羽化《うか》し、さらに2世代目のものが産卵《さんらん》して、そのヤゴ（幼虫）が9月に羽化《うか》する。つまり、当地では、2回世代を繰り返し、3世代目のヤゴは羽化《うか》まで成長できないものと思われた。

それでは、他の地域ではどうなっているのだろう。手もとの文献でいくつかの地域の成虫発生期を比較してみた。沖縄の八重山《やえやま》諸島では1年中成虫が見られるというので、越冬が可能なのだろう。熊本県では5月上旬～11月下旬、高知県では4月上旬～11月中旬、近畿地方では4月下旬～11月中旬、山陰地方では4月中旬～10月下旬に成虫が見られるという。一方、千葉県では5月上旬～10月中旬、富山県では6月下旬～11月上旬、北海道では7月上旬～10月中旬に成虫が見られるという。また、長野県では6月中旬から、新潟県では7月中旬頃から、青森県では7月から成虫が現れるという。確かに北へ行くほど初発生時期は遅くなる傾向があり、おおむね太平洋沿岸地域の発生が早いようである。また、意外なことに熊本も千葉も初発生時期は5月上旬と同じである。

これらのことから、第1陣は九州、近畿から関東南部の沿岸部までやって来て産卵《さんらん》し、次の世代が1ヶ月後の6月上・中旬に羽化《うか》するものと推察できる。さらにその次の世代が7月上・中旬に羽化《うか》、その後9月までに2回世代を繰り返し、10月末~11月に死滅するものと思われる。

そう考えると、秩父《ちちぶ》へやって来るのは北海道と同様、第1陣から3世代目ということになる。北海道の方が秩父《ちちぶ》よりはるかに遠いのにもかかわらず、初発生時期が同じだということは、海沿いの移動は時間がかからないのに対し、内陸部を移動するのには長時間を要するということかも知れない。

図5：ウスバキトンボ

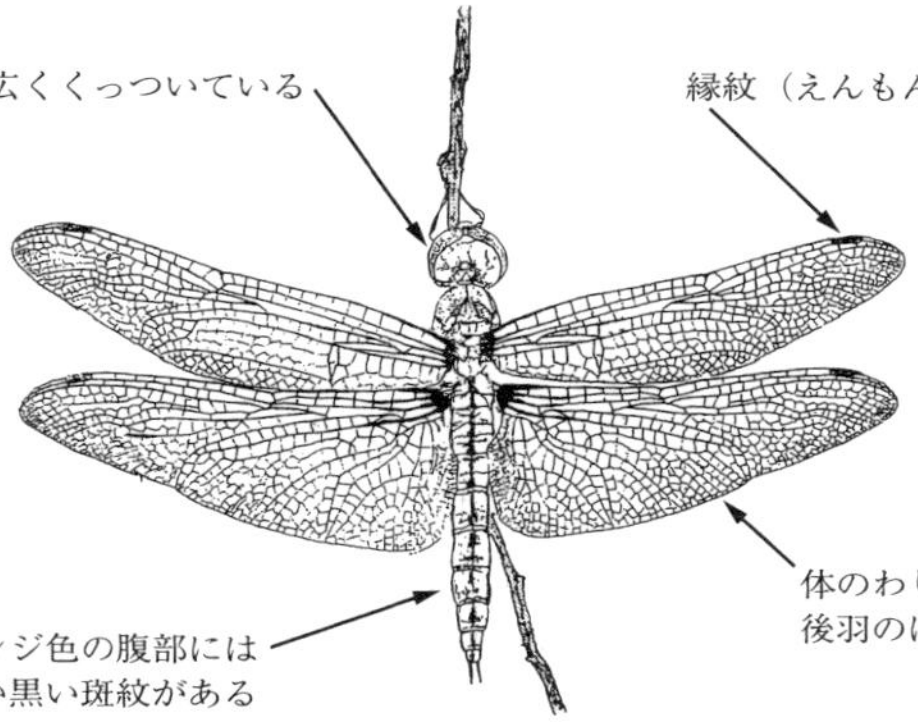
左右の目が広くくっついている
縁紋（えんもん）はオレンジ色
体のわりに羽が大きく
後羽のほうが幅が広い
オレンジ色の腹部には
細かい黒い斑紋がある

死の原因

ところで、ウスバキトンボは寒さに弱いというのが常識になっているが、一体どのくらいの寒さになると死んでしまうのであろうか。１９９０年を例に調べてみると、秩父《ちちぶ》での成虫の終見日《しゅうけんび》は11月12日であった。その前日の11日の最低気温は０・８度、12日の最低気温は１・０度であった。このことから成虫は1度内外以下になると死滅すると考えられる。

しかしウスバキトンボと同様、真夏に活動するオニヤンマやシオカラトンボはもっと前に死んでしまう。日本産の２００種類のトンボの中で、11月まで成虫が生きのびるというのは、かなりまれで、大半は秋までに死んでしまう。成虫についていえば、ウスバキトンボは寒さに弱いどころか、逆に最も寒さに強いトンボといえるだろう。

では幼虫はどうであろうか。確かに秩父《ちちぶ》で冬季に幼虫の生存を確認することはできず、寒さの訪れとともに、次々と死んでいった。しかし幼虫は成虫以上に低温に耐えるようで、成虫が死に絶えてからしばらくしても、元気なヤゴを目にすることができた。１９９０年に秩父《ちちぶ》で調べたところ、11月11日に最低気温が０・８度となって初氷が観測された頃から死亡個体が見られるようになった。11月22日〜25日は連日最低気温が氷点下となり、11月24日にはマイナス１・８度まで下がったが、まだ生存しているヤゴが見られた。結局12月に入って全て死んでしまったが、幼虫も意外に低温に強いようである。

九州や四国の南端なら厳寒期《げんかんき》の日最低気温は2〜3度であり、この程度の寒さには耐えられそうな気がするが、しかしこれらの地でもヤゴの越冬は確認されていない。このトンボの特徴の1つに幼虫の成長が極《きわ》めて速いということがあげられるが、それは代謝《たいしゃ》速度が速いということであり、それゆえ絶食には耐えられないのではないだろうか。つまり、私は寒さそのものより、低温により摂食《せっしょく》行動がとれなくなることが死を招くのではないかという気がしている。はたして真相はどうであろうか。絶食試験をやれば分かることなので、そのうち試してみたいと考えている。

なぜ北を目指すのか

毎年毎年、北へ北へと移動をしては死んでしまうウスバキトンボは、ずいぶん無駄なことをしているトンボのように見える。しかし、このトンボが世界中に分布していて、今日繁栄していることを思うと、決して無駄ではないのだろう。温暖化の影響で、そのうち九州や四国でも越冬が可能になるかも知れないのだ。環境変化の激しい昨今、いつ住み場所が破壊されるか分かったものではない。同じ場所に固執《こしつ》していては絶滅の危機がやって来る。リスクを覚悟で新しい生活場所で暮らす積極的な生き方が、現代ではトンボの世界でも成功者となるのかも知れない。とはいえ、暑さに向かう季節には北へ、寒くなってきたら南へ移動する知恵を働かせればよさそうなものなのに、そうはしない。生真面目に、北を目指して玉砕《ぎょくさい》してしまう。何か哀《あわ》れなような、空《そら》恐ろしいようなトンボではある。

では、なぜそのような移動をするのだろうか。ある図鑑には「南方では個体密度が過剰になり毎年4～5月頃季節風に乗って若い個体が大群で北上する」と解説されている。しかし、昆虫は発生数の増減が大きい生物なので、毎年過密になるとは限らないし、日本本土に到着した頃には、そんなに過密でもないだろう。それにもかかわらずさらに移動するということは、過密説では説明がつかない。

このトンボは九州では田んぼに多いというが、私が住んでいる埼玉県では田んぼより、水泳プール、水たまりなどトンボにとってあまりよい環境とはいえない、一時的な水たまりに多く見られる。田んぼも稲《いね》が育つときだけ水が入るので、一時的水たまりとはいえよう。

一時的な水たまりは、すぐに干上《ひあ》がってしまう恐れがあるし、いつまた水が溜《た》まるかも分からない不安定な場所である。だからヤゴの生育速度を速め、干上《ひあ》がる前に飛び立ち、次の新たな水辺を求めて移動するという生活が備わったのだろう。このトンボの起源は、雨季《うき》と乾季《かんき》がある熱帯地方で、雨季《うき》のあいだに育って、乾季《かんき》が来ると別の場所に移動して繁殖するという生活をしていたのではないだろうか。北の方向は水辺のある希望の地を意味し、その先祖の血が、北へ北へと駆《か》り立てるのかも知れない。

ところで、毎年南方から北を目指しては結局死んでしまい、元の場所に戻ってこないなら、そのうち、南方の地からウスバキトンボがいなくなってしまうのではないか、という素朴《そぼく》な疑問が湧《わ》いてくる。しかしそんなことがないところを見ると、移動する個体と移動しない個体とがいるのだろう。何はともあれ、ウスバキトンボの大きな羽は浮力を高め、風に乗って労力をかけずに長距離を移動する術《すべ》を備えているようである。ご先祖様の使いならぬ、南方からの使者である。

なお、外国から海を渡って日本にやって来るトンボには、ウスバキトンボのほかにも何種類か知られている。そのルートは3つあり、南から来るもの、北からやって来るもの、そして西からやって来るものである。台風襲来後や強い季節風のあとに見られることから、それらの風に乗って来るものと思われるが、飛来《ひらい》する種類は決まっている。南方からの強い風で運ばれるとしたら、そのとき南方で飛んでいたいろいろな種類のトンボが吹き飛ばされて来てもよさそうなものなのに、そうではない。単に風で飛ばされるのではなく、風を利用して自ら飛んでくるように思われる。

オスとメスとの出会いの場所

さて、トンボにとって、最大にして唯一《ゆいいつ》の暮らしの目的は次代に命をつなぐことである（トンボに限ったことではないが）。繁殖するためには、よき伴侶《はんりょ》を見つけださねばならない。我々人間も結婚相手を見つけるのは容易なことではないが、昆虫も短い一生の中で交尾《こうび》相手を見つけなければならないのだから、やはり至難《しなん》の業《わざ》だろう。

この広い世界で、一体トンボはどうやってオスとメスが出会っているのであろうか？　セミやコオロギはオスが鳴いて、メスを誘うし、ホタルはオスとメスが光りで交信《こうしん》し合って、雌雄《しゆう》が出会う。ガやゴキブリはメスが性フェロモンという臭《にお》いを出してオスを誘う。

トンボの場合、そんな奥の手は使わず、視覚を頼りにオスがメスを見つけるのである。とはいえ、ただ闇雲《やみくも》に探すわけではない。人間の場合、彼女（あるいは彼）とデートしたいと思ったら、待ち合わせの場所を決めておくとか、彼女（あるいは彼）のアパートに出かけるといった、出会いの場所を決めておくだろう。

トンボの場合も、出会いの場所というのがある。トンボのオスにとって、1番確実に出会える場所は水辺である。なぜなら、メスは卵を産むために水辺にやって来るからである。

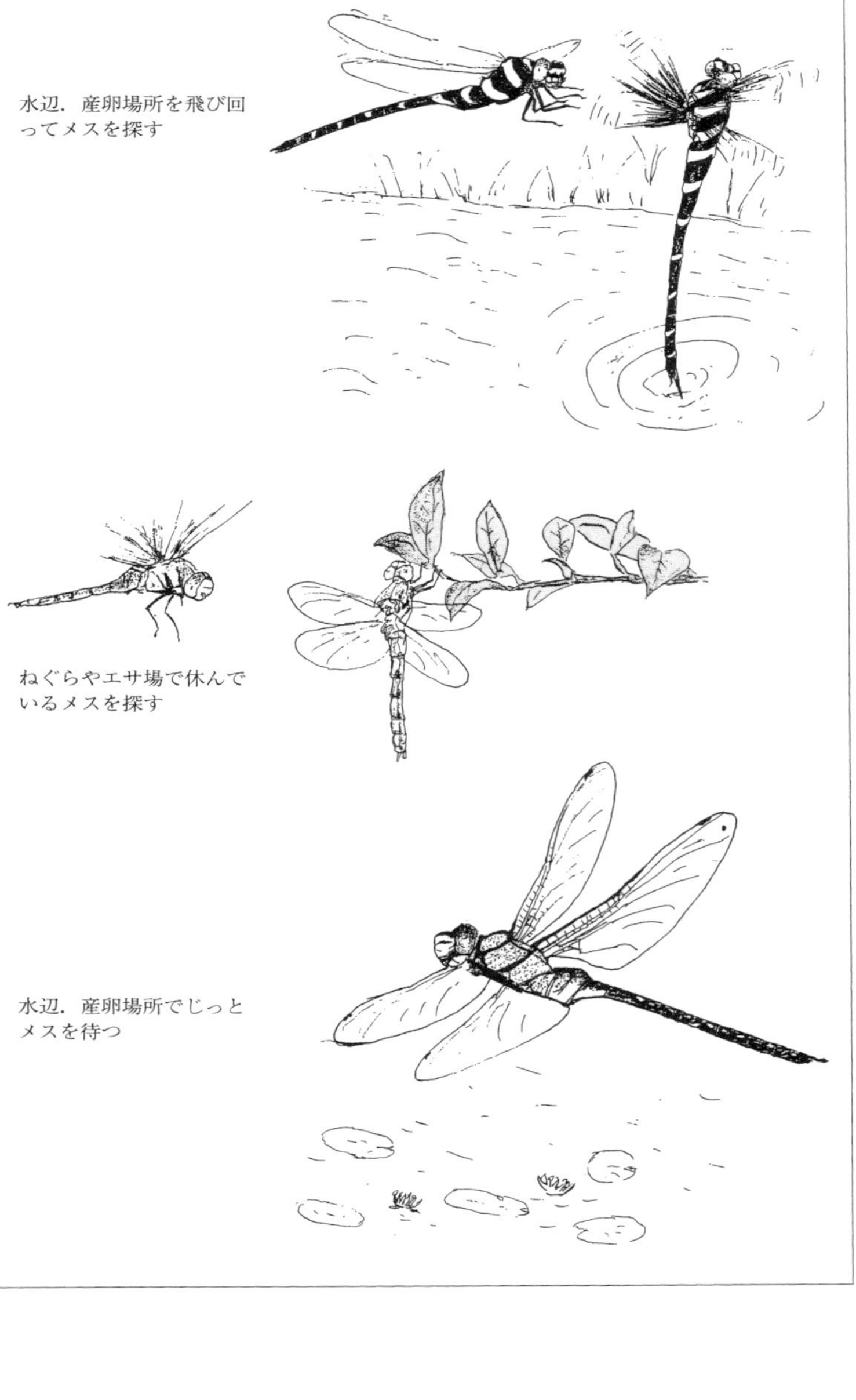
水辺．産卵場所を飛び回ってメスを探す
ねぐらやエサ場で休んでいるメスを探す
水辺．産卵場所でじっとメスを待つ

図6：オスとメスの出会いの場所

水辺といっても広いが、産卵《さんらん》に適した水辺は種類によって決まっているので、オスは産卵《さんらん》適地で待っていれば、メスに出会うことができるのだ。交尾《こうび》前のメスにしても、産卵《さんらん》場所へ行けば素敵なオスが待っている可能性が高い。トンボにとって水辺はデートの場所なのである。そして、我々トンボ愛好家にとっても、水辺はトンボとの出会いが期待できるポイントとなっている。

水辺以外の場所でオスとメスとの出会いのチャンスが高い場所といえば、ねぐらとエサ場である。ただし、ねぐらやエサ場にいるメスには、若すぎるものや、年寄りも混じっているので、よい相手が見つかる可能性は水辺より低いだろう。

以下、水辺やねぐらでの雌雄《しゆう》の出会いについて、私の観察事例を紹介しよう。

オスの戦略

やって来るメスを待ちかまえようと、たくさんのオスが産卵《さんらん》場所に集まると、メスの奪い合いになってて混乱が生じる。そこで、その混乱を「縄張り《なわばり》」という制度によって回避《かいひ》している種類が多く見られる。縄張り《なわばり》とは特定の場所を1匹のオスが独占する領域である。縄張り《なわばり》に同じ仲間のオスがやって来ると争いになるが、一定の方法で勝敗が決まり、通常は先にいる強いオスが勝つことで、混乱は避けられる。

戦いの方法は、種類によりいろいろ異なっているが、次のような戦い方がある。

1番多いのはシオカラトンボやギンヤンマなどのタイプで、所有者が侵入者の後方に位置し、下から突き上げるようにして、斜め上方にジグザグ状に追いかけるものである。

ハグロトンボやミヤマカワトンボなどの場合は、所有者が侵入者のやや上方に位置し、一定の距離を保って、水平方向に追跡する。この場合、実力が接近しているときは、なかなか決着がつかず、楕《だ》円《えん》状に一定の範囲を延々と追い続ける。

コシアキトンボやハラビロトンボなどで見られるタイプは、上下に並んだ状態で数秒間ホバリングしてから、突然一方が急上昇し、他方も相手を猛スピードで追いかけ、上りつめたところで強い方が先に舞い戻ってきて戦いが終了するというものである。

オス同士の戦いに際して、しっぽを反《そ》らせたり、脚《あし》を広げるといった独特の「威嚇《いかく》」のポーズをとる種類もある。

トンボの場合、オスもメスも一生に何度も交尾《こうび》と産卵《さんらん》を繰り返す習性があるため、メスが頻繁《ひんぱん》に訪れるよい場所を縄張《なわば》りにする強いオスは、やって来るメスと次々に交尾《こうび》を行う。その結果、強いオスは多数の子孫を残せるし、縄張《なわば》りを持てない弱いオスは少しの子孫しか残せないことになるだろう。進化論でいうところの適者生存《てきしゃせいぞん》だ。しかし、実際はそうとばかりも言えないようである。

縄張《なわば》りは、戦うことが目的ではなく、メスと交尾《こうび》を行うためのものなのだから、いくら腕力に自信があるといっても、戦っているばかりでは何にもならない。争っているうちにメスが来たら、交尾《こうび》のチャンスを逃がしてしまうだろう。また、激しい追跡には相当エネルギーを消耗するであろうから、争ってばかりいるオスは寿命が短いかも知れない。それに反し、縄張《なわば》りを持てない弱いオスは、あまり闘争のエネルギーを消費しない分、長生きできるかも知れない。実際ヒガシカワトンボという種類で観察したところ、そんな傾向が見られた。

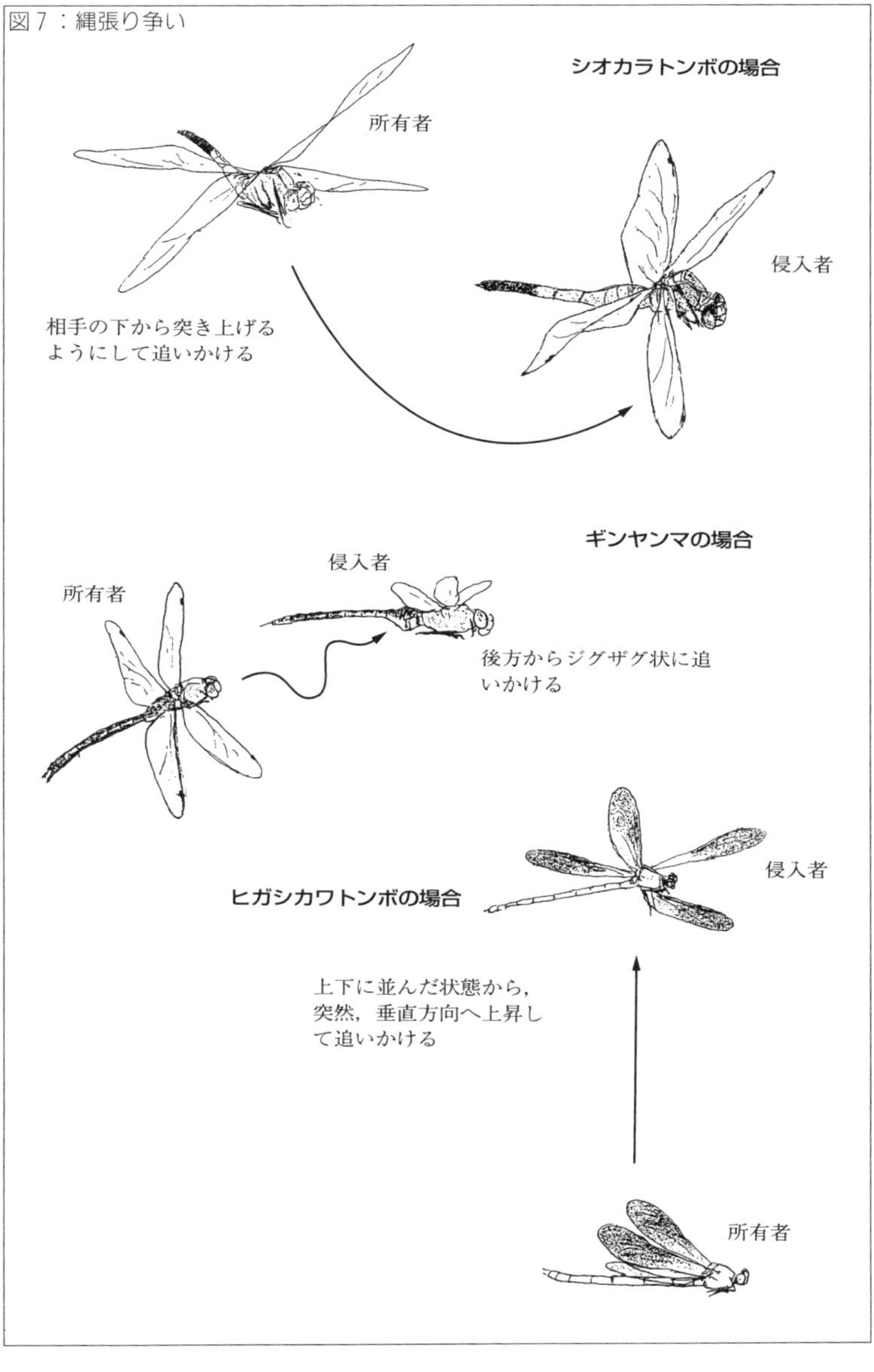
図7：縄張り争い
シオカラトンボの場合
所有者
侵入者
相手の下から突き上げる
ようにして追いかける
ギンヤンマの場合
侵入者
所有者
後方からジグザグ状に追
いかける
侵入者
ヒガシカワトンボの場合
上下に並んだ状態から,
突然，垂直方向へ上昇し
て追いかける
所有者

このトンボには、オスの羽がオレンジ色をしたタイプと、無色のタイプとがあり、オレンジ羽のオスの方が体が大きく、無色羽のオスより強い。そのため、通常縄張《なわば》りを持つことができるのは、オレンジ羽のオスのみである。しかし、オレンジ羽のオスの方が寿命が短いようで、遅い時期（寄居《よりい》町辺りでは6月末以降）に見られるのは、ほとんどが無色羽のオスである。その結果、オレンジ羽が没したあとは、無色羽のオスの天下となる。さらに、羽色により行動に差があり、オレンジ羽のオスは紳士的で、メスが縄張《なわば》りに入ってきたとき、メスが止まれば交尾《こうび》を挑《いど》むが、メスが止まらずに縄張《なわば》り外に去ると、交尾を諦《あきら》めてしまう。それに反し、無色羽のオスは、メスを見つけるやいなや、執拗《しつよう》に追いかけ、無理矢理ねじふせてしまうのである。これらの結果、縄張《なわば》りを持てない無色羽のオスもメスにありつけ、両者の遺伝子が受け継がれているのである。

他の種類のトンボでも、縄張《なわば》りを持てない弱いオスは、水辺の周辺でうろうろしていて、縄張《なわば》りにやって来る前のメスを捉《とら》えたり、縄張《なわば》り所有者の隙《すき》をついて、メスをかすめ取ったりする。腕《うで》っ節《ぷし》は強くないが、要領がよいオスも子孫を残すことができるのだ。トンボの世界は、力のあるものだけが栄えるとは言えないのである。

シオカラトンボとムギワラトンボ

シオカラトンボは最も名前が売れているトンボだろう。名前のいわれは、「塩辛昆布《しおからこんぶ》」の白く粉が吹いた状態が、このトンボの体色と似ているからだという。ムギワラトンボというのもよく知られた名前で、こちらはシオカラトンボのメスを指す俗称《ぞくしょう》である。麦わら色をした体色から名づけられたものだが、今日麦わらなんか見たことがない子供が多いに違いない。かくいう私も東京育ちゆえ麦わらそのものは見たことがなかったが、当時はストローが麦わらだった。

シオカラとムギワラは、オスとメスの違いだ、ということを知っている人は結構《けっこう》多い。しかし、シオカラトンボのオスも、羽化《うか》してしばらくは麦わら色をしていて、成熟につれて白い粉が吹き、シオカラトンボに変身するのに対し、メスは成熟しても、粉が吹かないで、麦わら色のままであることを知っている人は少ない。つまり、白い粉が吹いたオスは成熟している証拠で、メスを射止《いと》めるため縄《なわ》張《ば》りを持つようになる。

シオカラトンボの縄張《なわば》りは水面の一角に形成される。その広さは数十平方メートルで、植物の葉の先端など見晴らしのよい場所に陣取《じんど》って、メスがやって来ないか、縄張《なわば》りを侵《おか》すオスがいないか見張っている。もし縄張《なわば》り内に他のオスが侵入すると、縄張《なわば》りの主は、侵入者めがけて突進し、撃退《げきたい》する。撃退《げきたい》の方法は、前述のように、相手の下側から突き上げるように追跡するか、相手の腹側をくぐって眼前《がんぜん》に回り込むことを繰り返して追いかけるもので、侵入者を縄張《なわば》りの外へ追い出すと、急いで戻ってくる。追いかける際に、勢いあまって相手にぶつかってしまうことがあるが、それ以上手荒なことはせず、お互いが傷つくことはない。

相手が縄張《なわば》り外に去って戻って来なければ、戦いはそれで終了するのだが、いったん縄張《なわば》り外に逃れても、すぐに引き返して侵入を繰り返す執念《しゅうねん》深い奴もいる。その場合には、戦いが長期化し、ときには侵入者が縄張《なわば》りを奪い取り、主《あるじ》が入れ替わることもある。

すなわち、縄張《なわば》りにやって来た侵入者は、はじめのうちは簡単に追い出され、縄張《なわば》りへ引き返すのも所有者より遅れる。しかし何度も追い返されているうちに、同時に戻るようになり、ついには所有者より先に戻るようになる。そうなると形勢は逆転して、侵入者が所有者を追い払うようになり、やがて侵入者は所有者の領域の一部を奪い取り、その場所では相手を追い払うようになる。そして戦いを繰り返しているうちに徐々に領域を拡大し、ついには先住者が退散《たいさん》して、主人が入れ替わるのである。

大きな池や水たまりの場合には、複数のオスが縄張《なわば》りを持つことができる。そのため、隣接《りんせつ》して縄《なわ》張《ば》りを持っているお隣《とな》りさん同士で、争いが生じることがある。その場合、相手の領域を侵《おか》してしまったオスは、所有者に追いかけられて、あわてて自分の縄張《なわば》りに戻る。自分の縄張《なわば》りに戻ると俄然《がぜん》強気になり、逆に相手を追い返すようになる。このように両者の縄張《なわば》りの境《さかい》で、何度か行ったり戻ったりして争いが終了するのである。

シオカラトンボの場合、1日当たりの縄張《なわば》り占有時間は2～5時間にも及ぶ。交尾《こうび》は日が沈んで薄《うす》暗《ぐら》くなってからも行うが、その頃になるとどのオスも縄張《なわば》りを捨て、池のあちこちをせわしなく飛び回って、もう滅多に止まることはない。そのため、飛んでいるオス同士が出会うことがたびたびあるが、日中の縄張《なわば》り争いのように激しくは追跡しあわず、すぐに分かれてしまう。さらに暗くなると、突然水辺を離れてねぐらに移動し、適当な木立の茂みを見つけると、そこをねぐらと決め、枝や葉にぶら下がって夜を迎える。こうして、1匹また1匹とシオカラトンボは水辺を去り、戦いに明け暮れた1日を終わる。そして翌日になると、再び水辺に戻って、縄張《なわば》りを張るのである。

以前勤務していた埼玉県熊谷《くまがや》市にある県蚕業《さんぎょう》試験場構内の人工池で、オスのシオカラトンボに印をつけて観察したところ、最大で連続13日間も同じオスが縄張《なわば》りを張ることが分かった。

ところで、強いオスと弱いオスとはどうやって決まるのであろうか？　成熟したての若いオスや年老いたオスは、縄張《なわば》り争いに負けるケースが多く、成熟した壮年期のオスは、争いに勝つことが多い。つまり成熟度が強弱を決める要素の1つである。シオカラトンボのオスは成熟に伴って白い粉を吹くことは先に述べたが、若いオスは白粉《はくふん》がまだ不十分であり、年取ったオスは白さが薄《うす》れる。このことから、体力の差というより体色の差が勝敗を決める要素になっているのではないかと考えられる。

さらに心理的な要因も働いているようである。先ほど述べたように、隣《とな》り合って縄張《なわば》りを持っているオス同士の戦いでは、自分の領域では攻撃し、相手の陣地《じんち》に入ったとたん、追われる立場になる。自分の縄張《なわば》りでは攻撃的になるということは、すなわちその場所の記憶があるということであり、そしてそれが心理的に作用しているのではないだろうか。

トンボに心があるというと擬人《ぎじん》的すぎるかも知れないが、攻撃した後に自分の縄張《なわば》りに戻ってくることや、連日同じ場所を縄張《なわば》りとすることから、縄張《なわば》りを記憶していることは明らかである。人間は知らない場所では不安になるが、よく知っている所では落ち着くものである。犬や猫も同様で、トンボにもそんな精神作用が働いているような気がしてならない。

縄張《なわば》りなどなくていい

ところで、水辺でオスがメスの来るのを待つ方法を採用しながら、争いを好まず、縄張《なわば》りを持たない種類もいる。これらの種類ではオス同士が出会ってもお互いにあまり干渉しないのである。

オス同士争わないのでエネルギーを消耗することもないし、争っているあいだにやって来たメスを見逃すという失敗もない。

この方式を採用しているトンボの代表は、春の渓流《けいりゅう》に現れるダビドサナエという小型のトンボである。このトンボの産卵《さんらん》場所は、岸辺の草むらである。そんな場所は渓流《けいりゅう》のどこにでもあるのだから、特定の場所を縄張《なわば》りとしても、メスと出会えるチャンスは少ない。だからあちこち飛び回ってメスを探した方がよさそうなのに、それもせず、ただ同じ場所でじっとメスを待っているのである。そんなことで、一体ダビドサナエはどの程度メスと巡《めぐ》り会えるのであろうか。それが知りたくて、何度か観察を試みたが、あまりにも何もしないので、飽《あ》きて途中で観察を放棄してしまった。こういうトンボの観察に面白さを見いだせないようでは、まだまだ修行が足りないというものである。

さほど忍耐力を持ち合わせないトンボの場合には、メスが卵を産んでいそうな場所を探す積極戦法をとる。その代表がオニヤンマで、川に沿って行ったり来たりしながらメスを探す。産卵《さんらん》しているメスを見つけると、そっと近づいて狙《ねら》いを定め、次の瞬間メスに飛びついてゲットする。オス同士が出会うと追いかけるものの、あまり激しい争いはしない。

ダビドサナエほど忍耐強くなく、といってオニヤンマほどせっかちでない種類もある。それはアオイトトンボで、止まってメスを待ったり、短距離を飛び立ってはメスを探すという行動を交互にとっている。あまり飛ばないので体力を消耗しないし、同じ場所でじっとメスが来るのを待っているよりは、メスと出会うチャンスが大きいだろうから、なかなかうまい戦略だと思う。

水辺に腰掛け、いろいろな種類のトンボの交尾《こうび》行動を観察していると、頻繁にメスをゲットできる種類がある一方で、一向にメスと出会うことがない気の毒な種類もあることに気づく。進化の過程で、オスとメスとがうまく出会う戦略を獲得した種類は栄え、そうでない種類は滅びそうなものである。しかし、効率的にオスとメスとが出会えるとは思えないダビドサナエも繁栄している。環境に適した種《しゅ》が栄え、そうでない種《しゅ》が滅んで生物は進化してきたと「進化論」では説くが、そんな効率のよい生物ばかりが生き残っているようには思えない。生物は「進化」なんかせず、最初から自分に備えられた生き方の範囲内で今日までやってきたのではないか。弱い者も強い者も、効率のよい者も悪い者も、共に共存してきたのが、この地球上の生き物だったのではないか。そんなふうに思えてくるのだ。

まずはねぐらでメスを待つ

水辺のほかに雌雄《しゆう》の出会いの場となるのは、ねぐらである。トンボは産卵《さんらん》場所となる水辺から、大なり小なり離れた場所をねぐらとしている。ねぐらは種類により好みがあり、梢《こずえ》であったり、水辺に近い茂みであったりと様々である。オスとメスが同じような場所をねぐらにしている種類が多いようだが、先に述べたアオイトトンボでは雌雄《しゆう》で違った場所をねぐらとするらしい。いずれにしろ、ねぐらとその周辺は、メスの寝込みを狙《ねら》ったり、朝の食事のためにエサを探しに飛び出したメスを射止《いと》めたりする絶好の場所である。

ねぐらでメスを探すトンボとして有名なのは、カトリヤンマである。このトンボのオスは、木の茂みを丹念《たんねん》に飛び回って、休んでいるメスを探して交尾《こうび》する。しかし、詳しく観察したところ、気温の下がる秋遅くになると、産卵《さんらん》場所の周辺で一定範囲を飛び回りながら、産卵《さんらん》にやって来るメスを待つようになることが分かった。この時期にもねぐらでメスを探すオスは見られるが、出会いの主体は産《さん》卵《らん》場所周辺になるのだ。

アキアカネの場合も、季節により、水辺で産卵《さんらん》に訪れるメスを待ち受ける方法と、ねぐらでメスを探す2通りの戦術を使い分けている。9月上・中旬の繁殖シーズン初期には、ねぐらの周辺が雌雄《しゆう》の出会いの場所となるが、秋が深まった時期には、水辺でオスがメスを待つ。繁殖シーズン初期ではまだオスと交尾《こうび》していないメスが多いはずで、交尾《こうび》前のメスは産卵《さんらん》場所である水辺にやって来る確率は低い。一方、繁殖期の終盤ともなれば、交尾《こうび》を終えたメスが多くなり、水辺で待っていれば、産卵《さんらん》にメスがやって来ることが期待できる。このような理由で、アキアカネもカトリヤンマも秋が深まるにつれて、オスは水辺でメスを待つようになるものと思われる。

交尾《こうび》のプロセス

「おつながり」になっているトンボを見て、交尾《こうび》していると思う人が多いようだが、それは交尾《こうび》ではない。トンボの交尾《こうび》はちょっとややこしい。以下トンボの交尾《こうび》について、説明しよう。

オスはメスを見つけると、ある種類のトンボを除いては電光石火《でんこうせっか》のごとく突進して、メスに飛びかかる。そして脚《あし》でメスの背中を掴《つか》むと同時に、しっぽ（腹部）の先端にある把握器《はあくき》で、メスの頭か、首を挟《はさ》む。オスがしっぽの先でメスを挟《はさ》む場所は、グループによって決まっていて、イトトンボやカワトンボの仲間では「首」、ヤンマやシオカラトンボ、アカトンボなどの仲間では「頭」である。オスはしっぽの先でしっかりとメスを掴《つか》むと、脚《あし》をメスから放す。これが「おつながり」で、オスのしっぽの先でオスとメスがつながった状態になる。「連結《れんけつ》」とか「タンデム」と表記することもあるが、本書ではおつながりとしておこう。メスに飛びかかってからおつながりになるまでは、あっという間である。

さて、オスのしっぽの先端には、メスの体を挟《はさ》むための特殊な把握器《はあくき》がある。この把握器《はあくき》は上下に付いており、上の方を「尾部上付属器《びぶじょうふぞくき》」、下の方を「尾部下付属器《びぶかふぞくき》」と呼ぶ。オスの尾部付属器《びぶふぞくき》とメスの頭部や首とは、同じ種類の場合、ぴったりとはまるようになっているらしく、たまに別の種類とおつながりになってしまっても、トンボはすぐに間違いに気づいて離れてしまう。

この尾部付属器《びぶふぞくき》の形は種類によって独特の形をしており、種類を見分けるポイントになっている。そのため、トンボの専門的な図鑑には、拡大した尾部付属器《びぶふぞくき》の図が描かれていて、慣れてくればそれだけを見て、種類を言い当てることができる。

おつながりになると、オスはしっぽを「つ」の字型に折り曲げて、自分のしっぽの先と自分のしっぽの付け根

図８：おつながり

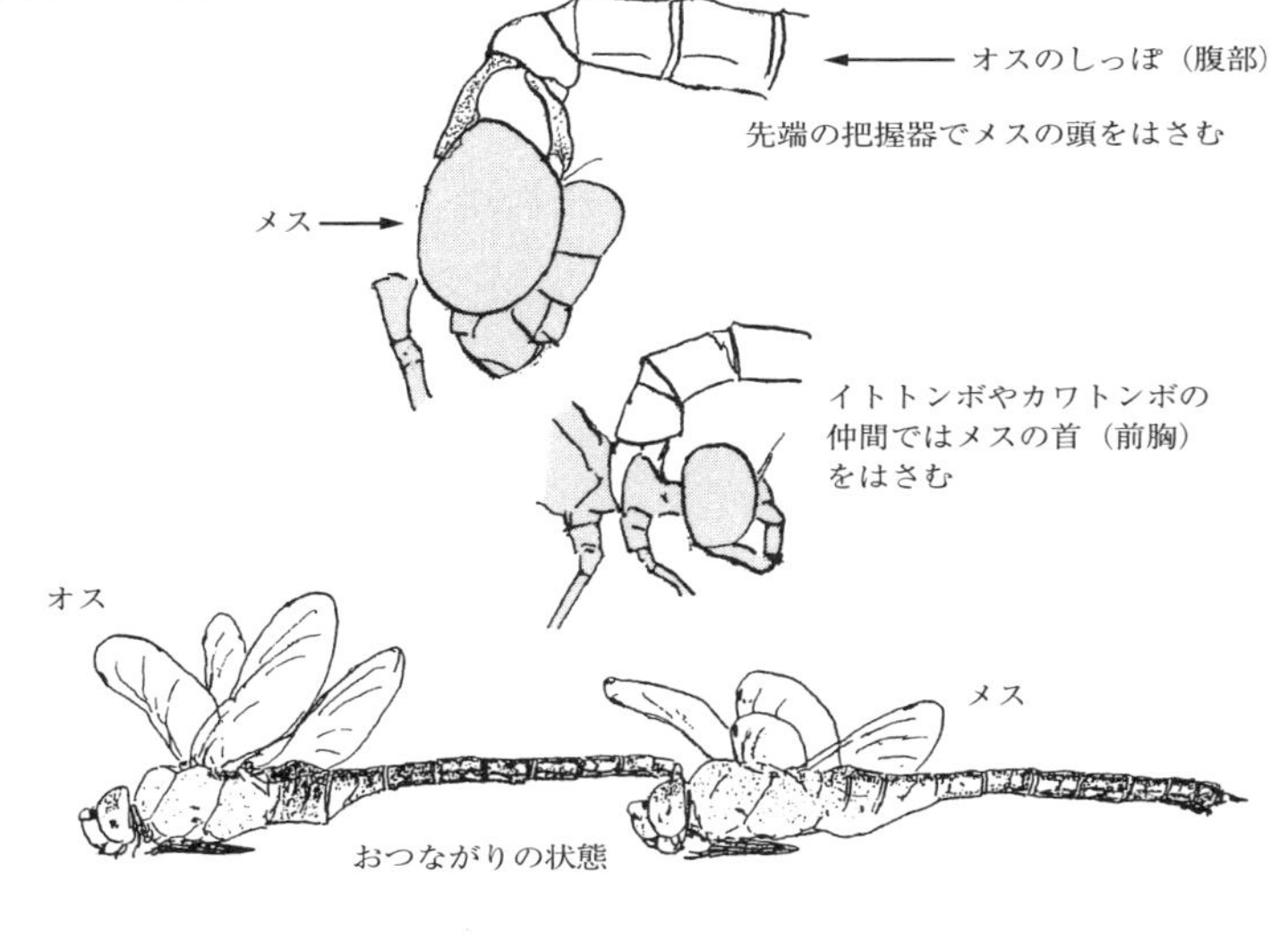

オスのしっぽ（腹部）
先端の把握器でメスの頭をはさむ
メス
イトトンボやカワトンボの仲間ではメスの首（前胸）をはさむ
オス
メス
おつながりの状態

を接する動作をとる。これは「移精《いせい》」と呼ばれるトンボ特有の動作で、精子を交尾器《こうびき》に移すために行うものである。トンボのオスの場合、精子を作る生殖器《せいしょくき》はしっぽの先に、メスと交尾《こうび》するための交尾器《こうびき》はしっぽの付け根にある。このためオスは交尾《こうび》に先立ち、生殖器《せいしょくき》で作られた精子を交尾器《こうびき》（副性器《ふくせいき》）に移す必要があるのだ。移精《いせい》の動作はヤンマやアカトンボなどの仲間では、飛びながら行うが、イトトンボの仲間では止まった状態で行う。移精《いせい》は数秒間で完了する種類が多いが、アオイトトンボの仲間では1分間ほどかかる。

移精《いせい》が済むと、オスはメスをたぐり寄せるような動作を行う。これは、メスに交尾《こうび》を促《うなが》すサインになっているようで、メスはそれに応じてしっぽを曲げ、しっぽの先にある交尾器《こうびき》をオスの交尾器《こうびき》に結合させる。これで交尾《こうび》が成立である。トンボが交尾《こうび》したときの姿勢はハートのような形になる。オスとメスとがハートの形で結ばれるなんて、トンボはなんてロマンチックな生き物なのだろう。

交尾《こうび》はほんの数秒で終わってしまうものから、3時間以上も続けるものまで、種類によって差が大きい。ごく短時間で交尾《こうび》を終える種類の場合には、飛びながら交尾《こうび》をするが、そうでない種類の場合には止まって交尾《こうび》を続ける。

交尾《こうび》が終わると、オスとメスが分かれて、メスが単独で産卵《さんらん》する種類と、おつながりの状態に戻ってオスとメスが連れ添って産卵《さんらん》する種類とがある。

トンボは一生のうちにオスもメスも異なった配偶者《はいぐうしゃ》と交尾《こうび》を行うが、メスは1度の交尾《こうび》で一生のあいだに産む卵を受精《じゅせい》させるだけの精子を、オスから受け取るという。ここで知っておきたいのは、交尾《こうび》はメスがオスの精子を受け取る行為で、交尾《こうび》は「受精《じゅせい》」ではないということだ。交尾《こうび》したときに受

図９：交尾のプロセス

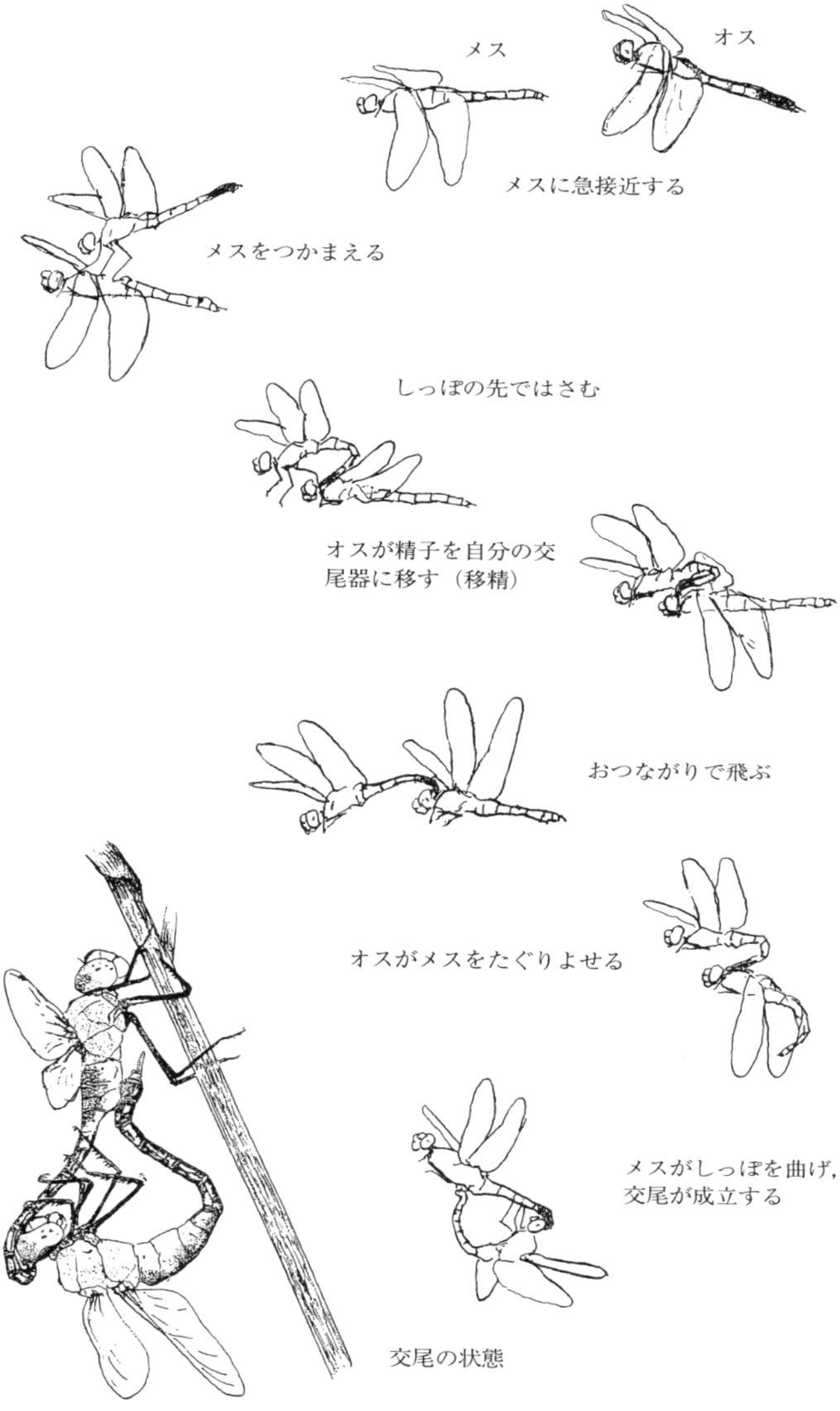
メス
オス
メスに急接近する
メスをつかまえる
しっぽの先ではさむ
オスが精子を自分の交
尾器に移す（移精）
おつながりで飛ぶ
オスがメスをたぐりよせる
メスがしっぽを曲げ，
交尾が成立する
交尾の状態

け取った精子は、メスの体内に貯《た》められており、卵が産み落とされる直前に受精《じゅせい》する。そしてメスが、何度も異なったオスと交尾《こうび》した場合、受精《じゅせい》されるのは最後に交尾《こうび》したオスの精子であるという。最近の研究によれば、後から交尾《こうび》したオスは、すでに貯《た》められている前のオスの精子を掻《か》き出したり、押し込めたりして受精《じゅせい》できないようにした後に、自分の精子をメスの体内に送り込むという。

このため、オスは交尾《こうび》しただけでは安心できない。心配なオスはメスが浮気《うわき》をしないように、卵を産むまで監視《かんし》する必要がある。多くのトンボがおつながりで産卵《さんらん》するのは、いわば、疑い深いオスの監視《かんし》付きお産ということになる。おつながりになっていれば、メスが浮気《うわき》をする恐れがないからである。

トンボは、日中ならいつでも交尾《こうび》をしたがる性欲旺盛《おうせい》な種類が多いが、中には特定の時間にならないと交尾《こうび》しない種類もある。例えばアジアイトトンボでは夜明け後間もない早朝、アキアカネは午前中から午後2時頃まで、ミヤマカワトンボでは午後といった具合である。

紳士的な求愛方法

メスとみれば、しゃにむに交尾《こうび》しようとする野蛮《やばん》なトンボが多い中で、求愛してメスの合意《ごうい》を得てから行動に出る紳士的な種類もいる。

私が観察した限りでは、求愛のポーズをとる紳士的なトンボは、アオハダトンボ、ミヤマカワトンボ、ハラビロトンボの3種類である。ミヤマカワトンボとアオハダトンボでは、縄張《なわば》り内にメスがやって来ると、メスに近づき、「しっぽの先を反《そ》らせて水面に浮かぶ」という求愛の動作を示す。この

図10：オスの求愛

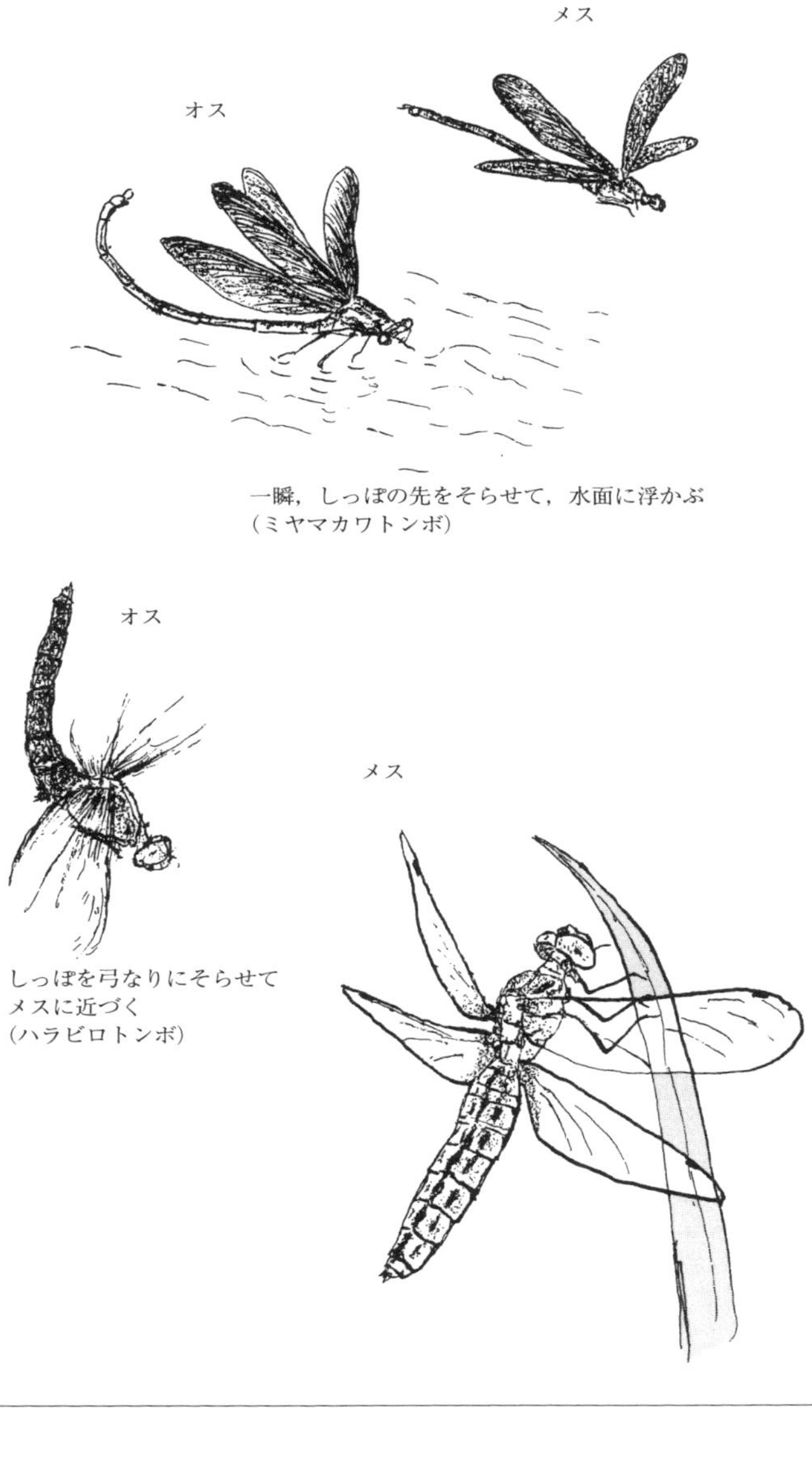

一瞬，しっぽの先をそらせて，水面に浮かぶ
（ミヤマカワトンボ）

しっぽを弓なりにそらせて
メスに近づく
（ハラビロトンボ）

2種類のオスのしっぽの先端は白くなっており、その部分を誇示《こじ》して、自分が魅力的なオスであることをアッピールするかのようである。水面に浮かぶのは一瞬で、すぐに飛び上がってメスを追いかける。それに対して、求愛の受け入れを示すメスの合図は、羽を閉じて静止することである。すると、オスはメスの羽の先に着地し、ついでしっぽの先でメスの首根っこを掴《つか》んでおつながりとなる。オスが着地するあたりの羽には、「擬縁紋《ぎえんもん》」と呼ばれる白く目立つ斑点《はんてん》がある。一方、オスの求愛が気に入らないメスは、縄張《なわば》り外に飛び去るか、静止しても羽を広げ、オスが着地できないようにする。するとオスはすぐに諦《あきら》め、それ以上メスにつきまとうことはしない。

ハラビロトンボの場合には、メスを見つけると、「しっぽを弓なりに反《そ》らせる」という求愛のポーズをとりながらメスに近づく。交尾《こうび》を受け入れるメスは、逃げずにオスに掴《つか》まえられるのを待つが、その気のないメスは遠ざかってしまう。また、ハグロトンボもはっきりとした求愛のポーズはとらないものの、交尾《こうび》を受け入れるメスは、羽を閉じて近くに止まり、オスはそのようなメスにのみ交尾《こうび》を挑《いど》む。オオルリボシヤンマというヤンマも紳士的で、やたらとメスに手を出すことはしないようである。

交尾《こうび》を拒否する

求愛しない種類の場合には、メスを発見したオスは猛スピードでメスに突進し、メスをはがいじめにしようとする。

メスは1回交尾《こうび》すれば、一生に産む卵を受精《じゅせい》させる精子を受け取るという。それが本当なら、すでに交尾《こうび》を済ませたメスにとって、以後のオスは迷惑な存在ということになる。このため、交尾《こうび》したくないメスは、オスが近づくと交尾《こうび》拒否の行動をとる。

最も手っ取り早い拒否の方法は、オスが来たら逃げることである。いち早くオスの接近に気づけば、飛翔《ひしょう》速度はオスとメスとで大差がないので、逃げおおすことができる。しかし、気づくのが遅れて、逃げても無駄な場合には、その場に伏せる、地上や水面に落下する、草薮《くさやぶ》に潜《もぐ》り込むといった手段に出る。また、産卵《さんらん》中のヤンマの中にはオスが近づくと、広げていた羽を閉じて横倒しになるものもある。これらの動作は自分を目立たなくさせ、オスに気づかれないようにするためと考えられ、結構《けっこう》効果がある。

一方、逃げたり隠《かく》れたりせず、逆にメスがオスに向かって突進し、攻撃的行動に出る場合もある。メスの反撃を受けたオスは、一瞬ひるみ、その隙《すき》にメスは飛び去ってしまうのである。

さらに、メスが独特のポーズをとって拒否のサインを送る種類もある。それは、イトトンボ類によく見られるもので、オスが近づくと、羽をふるわせてしっぽを曲げる。その場合、しっぽを大きく下方へ湾曲《わんきょく》するもの、弓なりに上方へ反《そ》らせるもの、しっぽの先端を屈曲《くっきょく》するものなど、種類により異なったポーズをとる。

20年以上前のことだが、私はアジアイトトンボというイトトンボの交尾《こうび》拒否の効果を調べたことがある。このトンボは、しっぽを大きく下方へ湾曲《わんきょく》して拒否のサインを送るタイプである。空き地にできた周囲67メートルほどの水たまりが観察地で、当時この水たまりにはたくさんのアジアイトトンボが見られた。私は仕事の休みのたびに、その水たまりに通い、近づいて来たアジアイトトンボのオスに対し、メスが拒否のポーズをとったときと、とらなかったときのオスの反応を比較した。

　オスがメスに接近したときに、メスが拒否のポーズをとったのは166回観察し、そのうち142回はオスがメスに触れることなく飛び去ってしまった。20回はメスを掴《つか》もうとしたが失敗、4例がおつながりになったものの交尾《こうび》せずにメスと離れてしまい、交尾《こうび》した例は0であった。つまり、交尾《こうび》成功率は0%、おつながり成功率は2・4%ということになる。一方、オスが近づいてもメスが拒否姿勢をしなかった例は33回あり、そのうち6例はメスに触れることなく飛び去ったが、残りの27例はメスに掴《つか》みかかった。また、メスに掴《つか》みかかった27例のうち、9例はメスはオスを振り切って飛び去ったが、12例がおつながりに、6例が交尾《こうび》に成功した。つまり、交尾《こうび》成功率は18%、おつながり成功率は36%となる。この結果からしっぽを湾曲《わんきょく》するポーズは、拒否のサインとして、比較的有効に働いていると考えられる。

　おつながりになっても交尾《こうび》をしなかったのは、トンボ

図11：交尾の拒否

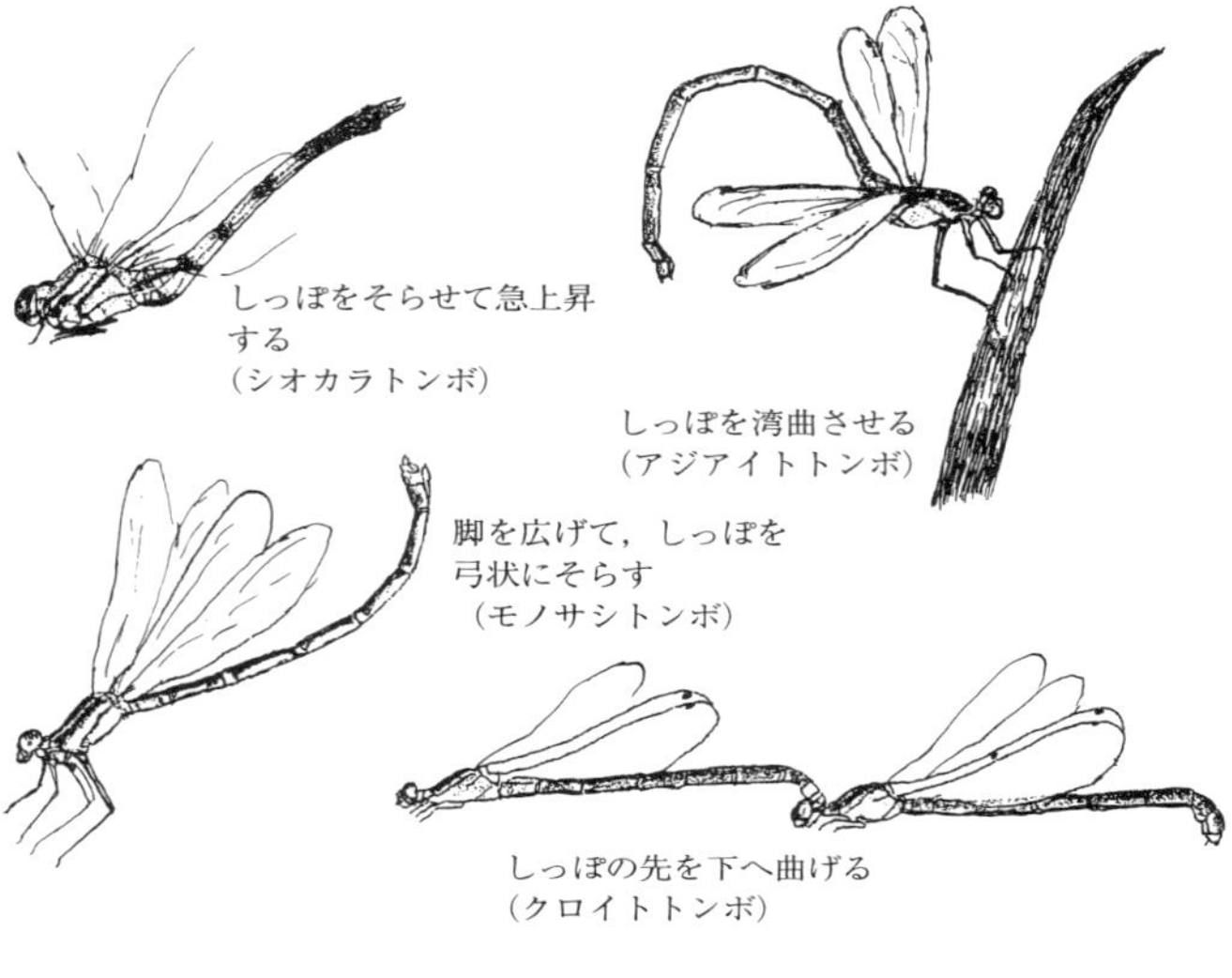
しっぽをそらせて急上昇する
（シオカラトンボ）
しっぽを湾曲させる
（アジアイトトンボ）
脚を広げて，しっぽを弓状にそらす
（モノサシトンボ）
しっぽの先を下へ曲げる
（クロイトトンボ）

の場合、自分のしっぽを曲げて交尾《こうび》に応ずるのはメスだからである。メスに交尾《こうび》する気がなければ、おつながりになってもオスは諦《あきら》めるしかない。しかし、メスにその気がないのに、オスが諦《あきら》めなかった場合には、いつまでもおつながりの状態で過ごすことになる。これではお互いに時間の無駄というものである。

シオカラトンボの場合、産卵《さんらん》しているメスがオスに掴《つか》まって、おつながりとなることがよくある。メスは産卵《さんらん》していたのだから交尾《こうび》済みのはずである。メスはもがいたり飛ぶのを拒否したりして、おつながりを解こうとすることもあるが、それは少数派で、何のためらいもなく交尾《こうび》に応じてしまう節《せつ》操《そう》のないメスが大部分であった。シオカラトンボの交尾《こうび》時間は数分であり、メスにとっては拒否をしてオスが諦《あきら》めるのを待つより、さっさと交尾《こうび》を済ませて早く産卵《さんらん》した方が得策と判断するようである。トンボの性のモラルも種類によって様々である。

浮気《うわき》を防ぐ2つの方法

交尾《こうび》が済むと、いよいよ産卵《さんらん》である。すでに述べたように、受精《じゅせい》は産卵《さんらん》の直前に行われるので、オスはメスが卵を産むまで安心できない。そこで、種類によってはオスが産卵《さんらん》に立ち会って、メスが浮気《うわき》をしないよう監視《かんし》するものがある。

メスを監視《かんし》する方法としては2つの方法がある。その1つは、交尾《こうび》後、おつながりの状態に戻って、メスと連れだって卵を産むという方法で、イトトンボやアカトンボの仲間の多くが採用している。

もう1つは、交尾《こうび》を済ますと離れてしまうが、オスが産卵《さんらん》中のメスのそばにつきまとい、ほかのオスに奪われないよう見張るものである。この方法は縄張《なわば》りを作る習性がある種類が採用しており「警《けい》護産卵《ごさんらん》」と呼ばれる。「おつながり産卵」と「警護産卵《けいごさんらん》」のどちらが有利であろうか。

メスの浮気《うわき》を防ぐという面では、おつながり産卵に軍配《ぐんばい》が上がるようで、私はいまだかつて、おつながり中のメスが、他のオスに横取りされた例を見たことはない。オスはメスを掴《つか》まえているのだから、メスを離さない限り安心だ。だが、その反面、もしそこに気に入った別のメスがやって来ても、オスは二《ふた》またをかけられないことになる。メスを掴《つか》まえているということは、すなわちメスにつながれているということでもあるのだ。

それに対し、警護産卵《けいごさんらん》の場合には、別のオスがメスを横取りしようと近づいてくれば、追い払い、新たにメスがやって来ればそのメスとも交尾《こうび》が可能である。交尾《こうび》後には2匹のメスの産卵《さんらん》を見張り、両手に花となる。だが、いつもうまくいくとは限らない。オスはメスから離れて見張っているので、一瞬の隙《すき》をつかれて、他のオスにメスを横取りされる危険がある。とくに1匹のオスを追い払ってい
る最中に、別のオスがやって来たときなどはその危険が高い。オスの密度が低いときには有効だが、高密度のときにはあまり効果がなさそうである。

そこで実際、交尾《こうび》後のオスが行う警護《けいご》が、どの程度メスを守る効果があるのか、ハラビロトンボという湿地に住むトンボで調べてみた。

観察場所は埼玉県秩父《ちちぶ》市の300平方メートルほどの小さな湿地で、1983年5月29日から7月19日の間の合計10日間観察した。

観察した警護《けいご》付き産卵《さんらん》のカップルは64対で、それらのカップルに対して、他のオスがメスを奪おう

と195回近づいて来た。そのうち警護《けいご》していたオスが、やって来たオスの追い払いに成功したのは144回（74％）で、近づいたオスにメスを強奪《ごうだつ》されてしまったのが34回（17％）、メスを奪われなかったものの、産卵場所からメスが逃げ去ってしまったのが17回（9％）であった。

このことから、警護《けいご》しているオスの撃退《げきたい》率は高いようにみえる。しかし、これは産卵《さんらん》カップルに何回オスが近づいて、何回撃退《げきたい》に成功したかという数値にすぎず、最初のオスの撃退《げきたい》には成功しても、次にやって来たオスにメスを奪われてしまうことが多く、カップルあたりで見ると、効果は高いとはいえなかった。

すなわち、オスが警護《けいご》に失敗して、メスが他のオスと交尾《こうび》してしまったケースは、湿地に他のオスが10～20匹いた日には、17例中7例（6月5日）、5例中1例（7月7日）、4例中2例（7月19日）であり、湿地に30～40匹も他のオスがいる日では、11例中9例（5月29日）、8例中5例（5月30日）、6例中6例（6月11日）という状況で、高密度下ほど警護《けいご》成功率は低下した。

このように、オスにとって警護産卵《けいごさんらん》の方が自分の子孫を残すのには分が悪いように見えるが、そう単純ではない。なぜなら、警護産卵《けいごさんらん》の場合には、メスを奪われたオスが、今度は別の産卵《さんらん》中のメスを横取りすることもあるからだ。

おつながり産卵《さんらん》も警護産卵《けいごさんらん》も一長一短があるからこそ、両者の方式が存在しているということであろう。そんな中で両者の長所を生かして、時と場合に応じて、おつながり産卵《さんらん》と警護産卵《けいごさんらん》とを使い分けるという驚くべきトンボがいた。

両方を使い分ける

それはリスアカネという、外国の研究者に因《ちな》んで命名された、アカトンボの1種である。

1982年、83年、84年と3シーズンにわたり、埼玉県秩父《ちちぶ》市の山林に囲まれた湿地で、リスアカネの産卵《さんらん》行動を調べたところ、面白いことに気がついた。オスは縄張《なわば》りを持ち、縄張《なわば》り内にメスがやって来ると交尾《こうび》する。ただし、縄張《なわば》りを持てずにいる、あぶれオスがメスを捉《とら》えて交尾《こうび》することも珍しくない。交尾《こうび》は5~6分で終え、すぐにおつながりとなって産卵《さんらん》を始める。産卵《さんらん》場所は水際や、湿《しめ》った地面の草の茂みで、上空からパラパラ放卵《ほうらん》し、3分前後で産み終える。面白いことに、カップルによって、最後までおつながりでいる場合と、途中でオスが離れて警護産卵《けいごさんらん》に移行する場合とがあるのである。

そこで、どういう状況のときに、どちらが選択されるのかを調べた。先ず天気が関係があるのではないかと思い、晴れた日と曇った日で比較したが、関係はなかった。オスの密度との関係を調べたが、おつながりから警護産卵《けいごさんらん》に移行するカップルの割合は、密度に関係なく、カップル全体の50~60%であった。オスの性格にもよるのかとも考え、マークをつけて調べたところ、同じ個体でも、ある時はおつながりのままで、別の日には警護《けいご》に移行することがあり、性格的なものではないことも推測できた。

明瞭な関係が見えたのは、産卵《さんらん》場所の状況である。見通しのきく草地で産卵《さんらん》した場合は68%のカップルがおつながりのままで産卵《さんらん》を終えたのに対し、薮《やぶ》の中に潜《もぐ》り込んで産卵《さんらん》した場合には、おつながりのまま産卵《さんらん》を終えたカップルは13％に過ぎず、残りの87％のカップルはオスが警護《けいご》に切り替えた。両者の中間的な環境の場所で産卵《さんらん》した場合には、40％がおつながりのままで、60％が警護《けいご》に移行した。また、縄張《なわば》りを持つオスが交尾《こうび》した場合には、警護《けいご》に移行する率が高いのに対し、あぶれオスとのカップルの場合にはおつながりのまま産卵《さんらん》するケースが多いようであった。

これらの結果から、次のように考えられるのではないだろうか。

つまり、良好な場所に縄張《なわば》りを持ち、頻繁にメスがやって来ることが期待できる場合や、見通しの悪い場所で産卵《さんらん》が行われ、メスを他のオスに発見される危険の少ない場合には、警護《けいご》に移行して、より多くのメスと交尾《こうび》するチャンスを優先する。しかし、そうでない場合は、おつながりを維持して、自分の精子と受精《じゅせい》した卵を確実に産み落とす方を選ぶ。

この考えが正しければ、リスアカネのオスはかなり狡猾《こうかつ》ということになるが、単に薮《やぶ》の中は障害物が多くて2匹がつながっていては産卵《さんらん》しにくいため、途中から離れてしまうだけという見方もある。もう少し詳しい観察が必要のようである。

様々な産卵《さんらん》方法

アカトンボやシオカラトンボが、尾端《びたん》で水面をたたくようにして産卵《さんらん》しているのをよく見かける。また、最近は少なくなったが、おつながりになったギンヤンマが、水辺の草に産卵《さんらん》しているのを見たことがある方も多いだろう。トンボの産卵《さんらん》方法はバラエティに富んでおり、これ以外にも様々な方法がある。

トンボの産卵《さんらん》法は、発達した産卵管《さんらんかん》を持ち、卵を植物の葉や茎《くき》、泥などに埋め込む「植物組織内産卵《さんらん》」と、発達した産卵管《さんらんかん》を持たず、卵を水面や地上に産み落とす「植物組織外産卵《さんらん》」とに大別できる。

植物組織内産卵《さんらん》はイトトンボの仲間やヤンマの仲間などが行い、卵の形はバナナ型をしている。卵を埋め込む場所は、生きている植物の茎《くき》や葉、朽《く》ち木、板きれ、泥《どろ》の中など種類により好みが違う。また、生きている植物に産卵《さんらん》する場合、水面からつき出た所に産卵《さんらん》するもの、水面に浸《つ》かった部位に産むもの、両方に産むものなど種類によって様々で、中には水の中に潜《もぐ》って産卵《さんらん》するという強者《つわもの》もいる。

植物組織外産卵《さんらん》はアカトンボやシオカラトンボ、サナエトンボの仲間が行い、卵は球形かラグビーボールの形をしている。空中から産み落とすもの、飛びながら尾端《びたん》で水面を打ちつけるようにして産むもの、水辺に止まって、尾端《びたん》を水中に浸《ひた》して産み落とすものなどに分類できる。

水面などにしっぽの先を打ちつけるような産み方は、「打水産卵《だすいさんらん》」と呼ばれており、連続的に水面や木片にたたきつけて産卵《さんらん》するもの、卵塊《らんかい》を作り、適当な大きさになると、水面をたたいて放卵《ほうらん》するもの、水面上をあちこち不規則に飛びながら、時々《ときどき》、尾端《びたん》を軽く水面につけて産卵《さんらん》するものなどに分かれる。打水産卵《だすいさんらん》は卵が下で待ちかまえる魚の餌食《えじき》になる危険性が高い方式である。その危険を回避《かいひ》するために、このような多様な方法に分化《ぶんか》したのであろう。

空中から放卵《ほうらん》するものは「空中産卵《さんらん》」と呼ばれ、ホバリング（飛びながら1点にとどまること）して、塊状《かいじょう》になった卵を産み落とすものと、1粒ずつパラパラと産むものとがある。この場合、しっぽを動かさずに卵の自重《じじゅう》で自然に落下するものと、しっぽを強く振って卵を振り飛ばすものとがある。

図12：様々な産卵方法

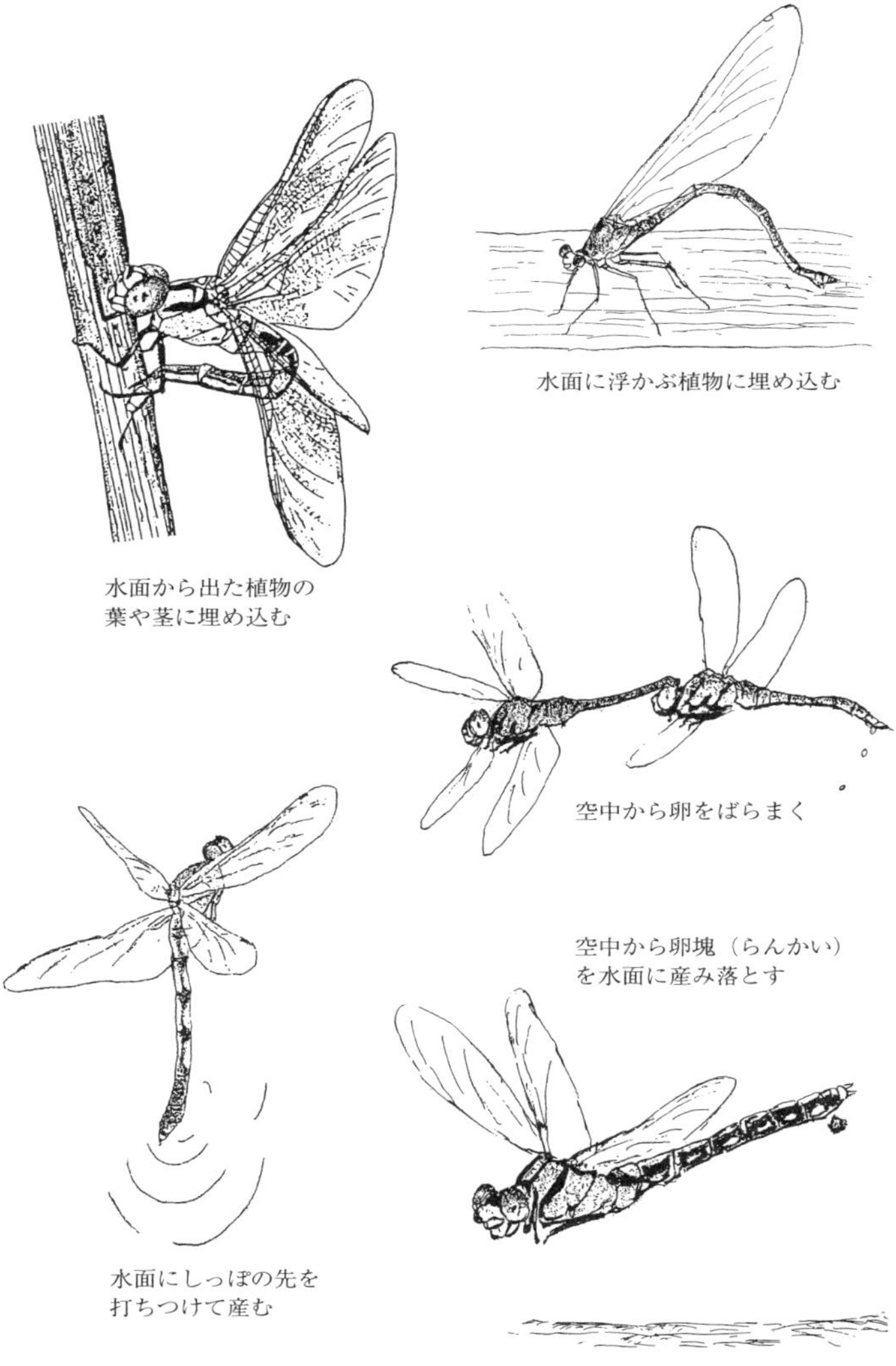
水面から出た植物の
葉や茎に埋め込む
水面に浮かぶ植物に埋め込む
空中から卵をばらまく
空中から卵塊（らんかい）
を水面に産み落とす
水面にしっぽの先を
打ちつけて産む

トンボは一生に1度だけ産卵《さんらん》するわけではない。1度産むと次の卵ができるまでしばらく待ち、その後再び産卵《さんらん》する。1度にどのくらいの数の卵を産むのか、アキアカネで調べてみたことがある。

水たまりで産卵《さんらん》している10匹のアキアカネを対象に、産卵《さんらん》を始めてから終了するまでに何回打水《だすい》するか数えた。最も多い個体で732回、最も少ないもので93回とばらつきが大きかったが、平均すると343回であった。また、1匹のメスを捕まえて産卵《さんらん》時の頻度でしっぽの先を水につけて調べたところ、1回で4粒産み落とされることが分かった。そこでアキアカネの平均産卵《さんらん》数を試算すると、343回×4粒=1372粒という勘定《かんじょう》になった。これを一生に何回か繰り返すのだから、このトンボの産卵《さんらん》数は数千粒に及ぶものと考えられる。

産卵《さんらん》に要する時間は種類によって大差があり、先のアキアカネなどアカトンボ類では3~9分であるが、サナエトンボ類の場合には、ほとんどの種類が1分以内である。その一方、植物組織内産卵《さんらん》を行う種類の産卵《さんらん》時間は長く、とくに後述のようにオオアオイトトンボでは何時間にもわたって産卵《さんらん》する。植物組織内産卵《さんらん》の場合には、卵を泥土《でいど》や、朽《く》ち木、植物組織の中などに埋め込むため、どうしても長い時間が必要になるのであろう。

不可解な真夜中の事

トンボは夜には寝ているという常識に反して、夜間盛んに産卵《さんらん》する変《へん》なトンボがいる。それはオオアオイトトンボという、金緑色《きんりょくしょく》をした大型のイトトンボである。

このトンボは、木立に囲まれた薄暗《うすぐら》い池沼《ちしょう》に生息し、埼玉県では初夏に羽化《うか》して、秋に成熟して産《さん》卵《らん》する。卵で冬を越して春に卵からヤゴが孵《かえ》り、そのヤゴは初夏に親になるという生活史を持っている。羽化《うか》後は移動分散してしまい、盛夏時に成虫の姿を見ることは少ないが、9月の彼岸《ひがん》を過ぎる頃になると、産卵《さんらん》場所の近くの木立に集まって来る。木立にやって来た成虫は、じっと止まっていることが多く、近づいた小昆虫を飛び上がっては食べる、という行動を繰り返している。午前中はオスとメスが出会ってもすぐに分かれてしまい、お互い異性に関心を示さない。ところが、昼を過ぎる頃から、オスは近くを通る昆虫に敏感に反応して追いかけるようになり、相手が仲間のオスだと分かると、追いかけるのを止めるが、メスだと知ると、おつながりになろうとする。しかし、午後になればいつでも性衝動《しょうどう》が高まるのかといえば、そうでもない。盛んに交尾《こうび》や産卵《さんらん》を行う日があるかと思えば、さっぱり行わない日もあるのだ。

また、普通のトンボなら、おつながりになればすぐに、移精《いせい》、交尾《こうび》、産卵《さんらん》と連続的に進むのに、オオアオイトトンボの場合は、そうすんなりと進行しない。おつながりしてから動かないケース、移精《いせい》まではスムーズに進行しても、なかなか交尾《こうび》しようとしないケース、交尾《こうび》はしても一向に産卵《さんらん》しようとしないケースなど、やたらにもたもたしているのである。しかし何はともあれ、パートナーとおつながりになったカップルは、やがて産卵《さんらん》場所にやって来る。

オオアオイトトンボの産卵《さんらん》場所は、水面にオーバーハングしているクワやヤナギなどの落葉樹の枝で、産卵管《さんらんかん》で枝に穴をあけて、1ヶ所に3～5粒ずつ卵を埋め込んで行く。産卵《さんらん》時刻は季節によって若干異なるが、10月半ばの産卵《さんらん》最盛期の場合には、午後4時頃から次々と、おつながりとなったカップルが、水辺の樹木に飛んで来る。午後5時頃になると辺りはだいぶ暗くなってきて、その頃には産《さん》卵《らん》に熱中している多数のカップルが見られるが、もう新たにやって来るカップルはいなくなる。その後、暗くなるにしたがって産卵《さんらん》が盛んになる。1晩中観察したことがないので、何時頃まで産み続けるのかは分からないが、午前0時過ぎに見たときには、まだ多くのカップルが産卵《さんらん》をしていたし、明け方にも少数ながら産卵《さんらん》しているものがいた。これらのことから、産卵《さんらん》はかなり長時間に及ぶものと思われ、気温が低下すると産卵《さんらん》を中断し、朝日が昇り気温が高くなると再び産卵《さんらん》するなどして、1晩中産卵《さんらん》するカップルがいる可能性もある。午後5時以降は産卵《さんらん》場所にやって来ることはないので、仮に5時から産卵《さんらん》を始めた個体が、0時で終了したとしても、7時間も産み続けた計算になる。産卵《さんらん》時間の長さでは世界中のトンボの中でもトップクラスであろう。それに、真夜中に産卵《さんらん》するトンボは、6000種類もいる世界のトンボの中でも他に例がないように思う。こんな変わったトンボが観察できるとは、日本はなんとトンボに恵まれた国なのだろう。

1つの仮説

オオアオイトトンボは、なぜ夜間に産卵《さんらん》するのか興味が持たれる。夜の方が外敵に見つかりにくいためかも知れないが、どうも理由はよく分からない。

もう1つ興味がある点は、おつながりとなったカップルの数が、日によって大きく変動することと、特定の枝へ集中的に産卵《さんらん》することである。すなわち、オスは同じ仲間のオスやメスに敏感に反応し、それらを盛んに追いかける日と、エサを食べるのに夢中で、オスにもメスにも関心を示さない日とがある。そして、盛んに追いかける日には、おつながりとなったカップルがたくさん誕生し、夕方から盛《さか》んに産卵《さんらん》が見られるのに、そうでない日には、おつながりとなったカップルはほとんど見かけない。毎日おつながりとなったカップル数を数えたところ、カップルが多くなる日には周期があるように思われた。

一方、産卵《さんらん》にやって来たカップルは、すでに別のカップルが産卵《さんらん》している枝を選んで産卵《さんらん》する傾向がある。その結果、ある枝には20対以上ものカップルがひしめくようにして産卵《さんらん》しているのに、その周囲の枝には1対もいない、というような現象が頻繁に見られたのである。

なぜ集中的に産卵《さんらん》するのであろうか。その理由は、このトンボが生きている樹木の枝に産卵《さんらん》するという、特殊事情によるものだと私は考えている。産卵《さんらん》によって傷ついた樹皮《じゅひ》は、その傷を治そうとする作用が働く。孵化《ふか》したヤゴは、産卵《さんらん》したときにあけた穴を通って外に脱出するのだから、その穴が治癒《ちゆ》作用によって塞《ふさ》がれてしまったら一大事である。そこで、オオアオイトトンボは特定の枝に集団で産卵《さんらん》して、その枝の治癒力《ちゆりょく》を弱めようとしているのではないだろうか。産卵《さんらん》を集中するには、他のカップルが産卵《さんらん》している枝を後から来たカップルが選べばよい。そして、枝を弱めるためには同時に多数のカップルが産卵《さんらん》する必要がある。その一方で、普段は寝ているはずの夜間に長時間産卵《さんらん》を行うということは、メスはもちろんのこと、一緒につき合っているオスにとってもかなりの重労働である。オスもメスも疲れ果てて、しばらくはとても性欲など湧《わ》かないだろうし、メスの場合は卵を産み切ってしまって、新たな卵が成熟するのを待つ必要があるだろう。そうなると、再び交尾《こうび》や産卵《さんらん》が行われるのはしばらく先のこととなり、その結果、性衝動《しょうどう》が周期的となって、産卵《さんらん》の集中化をもたらすことになる。これが私の独断に満ちた仮説であるが、皆さんはどうお考えになるだろうか。

面白い止まり方

ところで、オニヤンマやシオカラトンボなどおなじみのトンボは、止まるとき羽は開いたままである。しかし、俗《ぞく》にトースミトンボと呼ぶイトトンボの仲間やカワトンボの仲間は羽を閉じて止まる。また、イトトンボ類でも、アオイトトンボの仲間は羽を半開きの状態で止まるのが普通である。

どんなトンボも、羽化《うか》直後には羽を閉じている。オオアオイトトンボで観察したところ、羽化《うか》当日の夕方か翌日には羽を半開《はんかい》するようになった。トンボにとって、羽を開いて止まるか、閉じて止まるか、それは生活にどのような影響を及ぼすのであろうか。狭《せま》い場所に潜《もぐ》って休む場合には、羽を閉じた方が邪魔にならないであろうし、雨の日には羽を広げているより、閉じている方が濡《ぬ》れ方が少ないであろう。実際オオアオイトトンボやアオイトトンボでは、雨の日には羽を閉じることを観察した。一方、敵が現れたときに急に飛び立つ場合には、羽を広げていた方が素早く飛び立てるであろう。

また羽は体温保持とも関係していそうだ。羽を閉じていた方が熱を逃がしにくいだろうが、太陽熱で体を温めるためには羽を開いて受光量《じゅこうりょう》を増やした方がよいかも知れない。盛夏時に活動するハグロトンボは、止まっているときに頻繁に羽をぱっと開いてすぐ閉じる動作を繰り返す。私は、この動作は上昇した体の熱を放出しているのではないかと想像している。なぜならカワトンボやミヤマカワトンボなども同様の動作を行うが、気温の高くない春に現れるこれらの種類では、夏に活動するハグロトンボほど頻繁に行わないからである。ショウジョウトンボのように、炎天下に活動する種類や暑さに弱いといわれるアカトンボの仲間などでは、羽を半ば閉じて、逆立ちするような格好《かっこう》をするもの

図13：トンボの止まり方

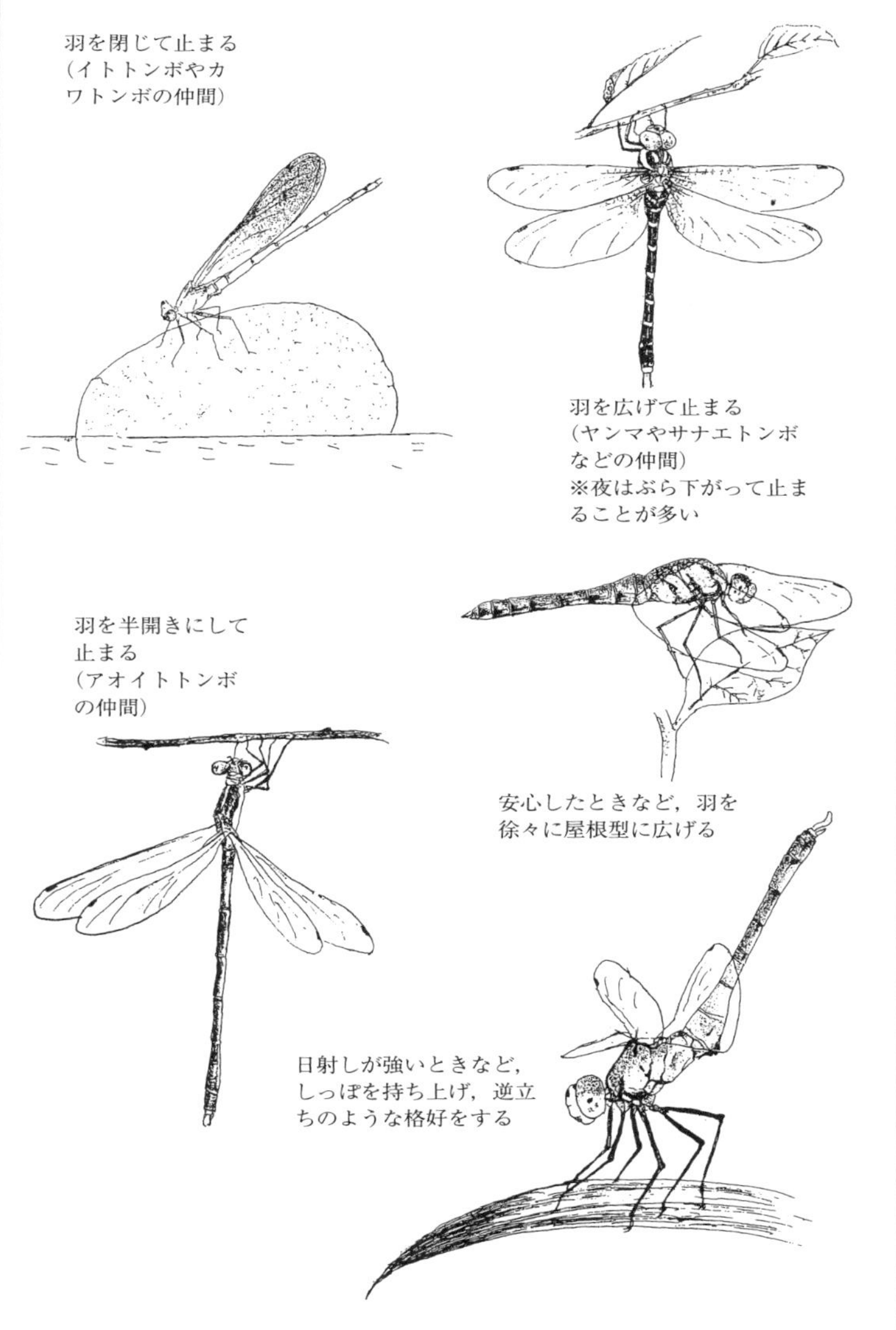
羽を閉じて止まる
（イトトンボやカワトンボの仲間）
羽を広げて止まる
（ヤンマやサナエトンボなどの仲間）
※夜はぶら下がって止まることが多い
羽を半開きにして止まる
（アオイトトンボの仲間）
安心したときなど，羽を徐々に屋根型に広げる
日射しが強いときなど，しっぽを持ち上げ，逆立ちのような格好をする

がある。これは太陽の受光《じゅこうりょう》量を減らして、体温上昇を避けているものと考えられており、日が陰ると通常の姿勢に戻る。しかし、これらのトンボももっと暑くなると、炎天を避けて草の陰に隠《かく》れ、ぶら下がって止まるようになる。

トンボには、止まってから少し経つと、徐々に羽を屋根型に下げて止まるものが多い。これは警戒心を解いている状態で、捕まえたり、写真を撮るために近づく場合には、このような姿勢になってからにするとよい。また、6本の脚《あし》のうち、前の2本を縮《ちぢ》めて4本脚《あし》でバランスをとって止まるのが好きな種類もある。止まっているトンボの姿を見ているだけでも結構《けっこう》面白いものである。

夜のトンボ

昼間活動しているトンボを見たことはあっても、夜寝ているトンボをご覧になった方はまずいないだろう。実は、私も夜のトンボを見たのはここ数年来のことである。トンボを何十年も追いかけているベテランでも、寝ているトンボを見る機会は滅多にないだろう。

私が夜のトンボに興味を持ったのは、ある偶然のせいだった。何年か前の夕方、辺りが暗くなった川岸を歩いていたところ、1匹のカワトンボが飛び立ち、すぐに木立に止まった。そのトンボは羽を開いているではないか。一瞬我が目を疑った。カワトンボは、羽を閉じて止まるグループであるのにもかかわらず、眼前のトンボは羽を開いて止まっているのだ！　寝るときに限っては羽を開くのだろうか？　もし羽を閉じて止まるグループの種類がみな、夜は羽を開くとすると、これは定説を覆《くつがえ》す大発見に違いない。

その日以来、夜のトンボ探しが始まった。しかし、夜暗くなってから懐中電灯《かいちゅう》を照らしてトンボを探すというのは、予想以上に難しいことであることを知った。懐中電灯《かいちゅう》で照らせる範囲というのは、思いのほか狭《せま》く、そこにトンボが照らし出される確率というのは相当低い。しかも、誰もいない暗闇《くらやみ》の水辺を、懐中《かいちゅう》電灯で照らしながらもぞもぞ動き回っている人間というのは、なにやら怪しい雰囲気であるし、暗い水辺というのは、薄気味《うすきみ》悪いものである。そこら辺に首吊《くびつ》り死体がぶら下がっているのではないかとか、足もとにマムシが潜《ひそ》んでいるかも知れないなど、あれこれ恐ろしい想像をしてしまう。それにお巡りさんに見つかって、職務質問《しょくむしつもん》でもされたらやっかいだ。「寝ているトンボを探しています」なんて言っても信じてもらえないに違いない。

そんなわけで、暗くなってから水辺で探すという方法は、数回チャレンジしただけでやめることにした。そして今度は、まだ視界がきく夕方に水辺に出かけ、ねぐらに向かうトンボを追いかけて、ねぐらを突き止めるという戦法にした。慣れてくると、単に止まっただけなのか、寝る姿勢なのか区別がつくようになる。眠りにつくときの姿勢は、木の枝や草などにぶら下がり、明るい方を背にする傾向があるからだ。

こうして、寝るときに羽を閉じるか、開くかを確認した結果、同じカワトンボでも全ての個体が羽を開いて止まるわけではないことや、カワトンボの仲間の中でも、ミヤマカワトンボは羽を開くものと閉じるものとがあるが、アオハダトンボとハグロトンボは、全て羽を閉じて眠ることが分かった。一体なぜ、種類や個体によって、このように夜間羽を閉じたり開いたりするのであろうか？　その理由は全く分からないが、私はやはり体温保持が関係しているのではないかと考えている。どなたか興味のある方に、ぜひ解明していただきたいものである。

ところで、トンボの就寝時刻は時期によって異なり、日が長く気温も高い6月下旬の夏至《げし》の頃には、午後7時過ぎてから眠りにつく。ところが、日がつまり、温度も低下する晩秋期になると、まだ日が高い午後3時頃になると眠ってしまうものもいる。夏は遅寝《おそね》早起き、秋は早寝《はやね》遅起きというわけである。

水浴びと身づくろい

私たちは夏になると、海水浴やプールで水泳をして暑さをしのぐ。トンボも、暑い夏には体温を下げるために水浴びをする。炎天下に飛び回るトンボは、灼熱《しゃくねつ》の太陽光線を浴びるだけでも暑いだろうに、高速で羽ばたくために筋肉を動かすのだから、相当体温が上昇するはずである。この上昇した体温を一気に下げる手段として水浴びを行うことがある。

頻繁に水浴びが見られるのは、オニヤンマである。オニヤンマは日本最大のトンボで、オスは林道や小川などを低空でパトロールして、交尾《こうび》相手のメスを探す習性がある。オニヤンマの水浴びは実にダイナミックで、小川のよどみの部分を行きつ戻りつしながら、バシャン、バシャンと5~6回も全身を水面にたたきつけるように、瞬間的に落下する。

私は落下して水しぶきが上がった決定的瞬間をカメラに収めようと、これまで何本フィルムを無駄にしたことか！　どこに飛び込むか分からないので、飛び込みそうな辺りに狙《ねら》いをつけてカメラを構えるのだが、的中しない。トンボを追いかけつつ、水浴びした瞬間にシャッターを押したとしても、手遅れである。最近は広角レンズを使って、トンボが来そうな所にカメラを構え、ファインダーを見ずにシャッターを切るという方法でチャレンジしているのだが、今ひとつ迫力のある写真が撮れないでいる。だが、満足できる写真が撮れてしまったら、つまらないに違いない。不満足こそエネルギーの元なのだと、変《へん》な理屈で自分を納得させている。

水浴びを終えたオニヤンマは、例外なく急上昇して樹上に去る。体温が上昇したため、それ以上のパトロールは無理と判断し、水浴びした後に静止して体温を降下させるとともに、休息するのであろう。

トンボは、水浴び以外の目的でも水に接する行動をとる。その1つは水飲みである。この場合は、水浴びとは違って、水面をかすめるようにスイッと飛んだり、ちょんと瞬間的に落下して水を口にくわえるのである。水を口にしたトンボは、水辺の近くに静止し、口を動かして、飲むというより食べるという感じで、水を摂取《せっしゅ》する。

オナガサナエやアオサナエというトンボは、空中から塊《かたまり》の状態で卵を産む習性がある。このトンボはほとんど例外なく、産卵《さんらん》を終えると、体全体を2〜3回水面にたたきつけてから、一気に飛び去る。この場合の接水《せっすい》は、しっぽの先に落下せずに残っている卵を洗い流すのが目的だと思われる。

このように、トンボの水浴びにはいくつかの目的があり、かなり頻繁に見られるものである。しかしそれは、命がけの行為であり、ちょっと間違えば水に溺《おぼ》れて命を落とすことになる。実際、溺《おぼ》れて命を落とすトンボをたくさん見かける。水に溺《おぼ》れるのは、水面に着水したとき、羽が水に浸《つ》かってしまって飛び立つことができないケースや、接水《せっすい》した際、アオミドロのような藻《も》に脚《あし》が絡《から》みついて、飛び立てなくなってしまうケースなどがある。いずれにしろこのような水の事故は、年を取った個体に多く見られるようである。

トンボは、かなりきれい好きな昆虫である。止まっているトンボを見ていると、頻繁にクリーニングと呼ばれる身づくろいを行う。クリーニング動作のうち、脚《あし》で複眼《ふくがん》をこすって、複眼《ふくがん》の曇りを取り除く動作はとくに頻繁に行う。トンボにとって目は命であるからだろう。複眼《ふくがん》の掃除に引き続いて、脚《あし》をこすり合わせて脚《あし》の掃除も行う。羽の清掃もイトトンボ類ではよく見られる行動である。これは、羽と羽の間にしっぽを入れて上下させ、羽を梳《す》くようにして汚れを取るもので、たいていその後は、脚《あし》で挟《はさ》んでしっぽを掃除し、つぎに脚《あし》をこすり合わせて、脚《あし》の掃除をする。トンボはきれい好きな昆虫である。

天敵

トンボは昼間飛び回るため、天敵に見つかって、命を落とすものが少なくない。主なトンボの天敵は、セキレイやツバメなどの鳥類、クモ類、ムシヒキアブやカマキリ、大型のトンボ、カエルなどで、水面を低く飛んでいるところをコイやブラックバスに捕まることもよくある。1度だけだが、沢ガニにしっぽを挟《はさ》まれてもがいているドジなオニヤンマを見たことがある。一体空中を飛んでいるオニヤンマが、どうやったら沢ガニなんかに捕まるというのであろう?

大型のトンボにとって、最も恐ろしい天敵は鳥類であろう。とくに羽化《うか》直後の飛ぶ力が弱い時期は危険が大きく、実際羽化《うか》場所から飛び立ったトンボが、次々とセキレイに襲われるのが観察されている。最近、小川の護岸《ごがん》工事により、岸がコンクリートになることが多い。それ以前は岸辺の草むらを羽化《うか》場所にしていたトンボは、コンクリート壁面で羽化《うか》することになる。草むらでは目立たなくても、白いコンクリート上ではよく目立つ。野鳥にとってはよいエサ場ができたと喜んでいるだろうが、トンボにとっては災難である。コンクリート護岸《ごがん》の弊害《へいがい》はこんな所にも現れるのだ。

イトトンボ類のように、草むらを縫《ぬ》って飛ぶ小型のトンボにとっては、クモ類が最大の天敵で、クモの巣に引っかかるものが多い。巣を作らないクモに捕らえられ、毒液を注入されて動けなくなったところを食べられてしまうこともある。

変わった天敵としては、羽に寄生《きせい》するプテロボスカと呼ばれるヌカカの仲間や、トンボの胸やしっぽにびっしり寄生《きせい》するミズダニという寄生虫《きせいちゅう》もいる。さらに、トンボ茸《たけ》というトンボに寄生《きせい》する菌《きん》類も知られている。この菌《きん》類に犯されているのが発見されるのは秋で、アカトンボの仲間やミルンヤンマなどが犠牲になっている。

通常菌《きん》類に犯されて死んでいる昆虫を目にすることはあまりないが、雨の多い冷夏の年には注意して探すと結構《けっこう》見つかることがある。私は以前、スケバハゴロモというセミに近い昆虫に寄生《きせい》する菌《きん》類を調べたことがある。この菌《きん》類は、罹病《りびょう》して死んだ虫の体内であれば、野外に放置されても1年以上も生存していた。実験によって、この菌《きん》類が気門《きもん》から侵入して感染することは分かったが、いつ、どのようにしてスケバハゴロモの気門《きもん》に付着するのかは不明である。トンボ茸《たけ》の場合も気門《きもん》から感染すると思われるが、感染経路は見当すらつかない。ちなみにこのトンボ茸《たけ》は冬虫夏草《とうちゅうかそう》（虫に寄生《きせい》する菌《きん》類の茸《きのこ》）の1種とされている。

冬の越し方

各地で初雪、初氷の便りが聞かれ、日中でもこたつやストーブが恋しい季節を迎えると、トンボの姿はまばらになる。羽がぼろぼろになって弱々しく飛ぶアカトンボの姿を見ると、トンボの季節が終わりに近いことを実感し、トンボ愛好家は何とも侘《わび》しい気持ちになるものだ。

日本に住むトンボは、春から初夏にかけて羽化《うか》して成虫になり、その年に卵を産んで死んでしまうものが大半である。一般的に春や夏に産卵《さんらん》する種類は、その年の内に卵から孵《かえ》ってヤゴとなり、そして冬を越すが、秋に産卵《さんらん》する種類は、卵のまま冬越しするものが多い。

ところが、3種類だけ、成虫で冬を生きのびるという異端児《いたんじ》がいる。それは、オツネントンボ、ホソミオツネントンボ、ホソミイトトンボという、いずれもか細いイトトンボの仲間である。寒い冬を耐えるのには、体の大きなヤンマの方がよさそうだが、そうではないところが面白い。

ホソミイトトンボは南方系のトンボで、関東地方ではほとんど見ることができないが、後の2種類はそんなに珍しいトンボではない。

ホソミオツネントンボも、オツネントンボも、よく似た生活史を持っており、越冬した成虫は春の暖かさが加わるにつれて成熟し、陽春の頃、水辺に飛来《ひらい》して交尾《こうび》と産卵《さんらん》を行う。産卵《さんらん》後の成虫はやがて死んでしまうが、卵から孵化《ふか》したヤゴの成育スピードは速く、7月頃には成虫となって飛び立つ。その後、水辺から去り、暑い夏と寒い冬を未成熟状態で過ごし、翌年の春に成熟して卵を産んで死ぬ、という生活パターンを繰り返している。

冬の冷え込みの厳《きび》しい埼玉県秩父《ちちぶ》地方で、これら2種類の冬の活動を観察したことがあるので紹介しよう。

もう1つの冬の越し方

オツネントンボもホソミオツネントンボも、夏の間は目にすることは少ないが、秋も深まる11月頃になると、日当たりのよい草むらや低木の茂みなどで、よく見かけるようになる。このときは摂食《せっしょく》行動が主で、オス、メスともにワタアブラムシなどの微小《びしょう》昆虫が近づくと飛んで追いかけ、捕獲に成功してもしなくても、すぐに元の場所に戻ることを繰り返す。おそらく越冬に備えて、せっせとエサを食べて体力を付けているのだろう。厳寒期《げんかんき》になると、見られる場所は限られるようになる。

1988年の暮れに、埼玉県秩父《ちちぶ》市のある林の中で、オツネントンボとホソミオツネントンボの両方が越冬している場所を見つけた。そこは、標高290メートルの地点にある、東側が傾斜した杉林である。林床《りんしょう》には、ササやジャノヒゲ、シャガなど日陰を好む植物が生えているが、日の光りが根もとまで射《さ》し込む、杉林としてはかなり明るい環境であった。2種類のトンボは何月頃からこの越冬場所にやって来るのだろうか？　それを知るため、1988年の12月から翌年の12月までの1年間、10日おきに個体数を数えてみた。

数えるといってもそんなにたくさんいるわけではないし、小さく目立たないイトトンボのことである。おまけに枯れ葉とそっくりの体色をしている。視力には自信がある私でも、止まっているトンボを見つけるのは至難《しなん》の業《わざ》である。そこでその辺に落ちている棒きれを拾い、それを振り回しながらあちこち歩き回る、という戦法をとった。棒に驚いたトンボは飛び上がり、飛べばこちらも気づくというわけである。

こうして調べた結果、ホソミオツネントンボは10月下旬に飛来《ひらい》して、3月下旬まで、オツネントンボは11月上旬から飛来《ひらい》して、3月中旬まで、この越冬場所にとどまることが分かった。その一方、越冬場所の近くの水辺で、越冬後の成熟成虫が初めて現れる日を記録したところ、その平均日は、オツネントンボが4月17日（1987〜1994年の平均）、ホソミオツネントンボは5月11日（1985〜1994年の平均）だった。オツネントンボの方が1ヶ月ほど早く成熟するようである。越冬場所から立ち去って、成熟した成虫が水辺に現れるまで、オツネントンボは1ヶ月、ホソミオツネントンボは2ヶ月近くの空白期間がある。越冬場所を去ったトンボは、食糧の豊富な場所へ飛び散り、十分にエサを食べて成熟したものから順に水辺にやって来るのだろう。

厳寒期《げんかんき》には2種類とも、草や木の切り株などにじっと静止しており、寒い日が続くと何日もその場所から移動しなかった。越冬場所での潜伏《せんぷく》場所と静止姿勢は両種で異なっており、ホソミオツネントンボでは細い小枝、笹《ささ》の茎《くき》や葉などを好み、脚《あし》を突っ張ったような格好《かっこう》で掴《つか》まっており、体が露出《ろしゅつ》するような場所に見られた。このため、風や雨、雪などをまともに受けることになり、雪の日には体に雪が積もってしまうこともあった。それに対し、オツネントンボの場合には、草の茂みの奥に潜《ひそ》み、体を草に密着した姿勢をとっていた。福島県では、オツネントンボが集団で門柱《もんちゅう》の石の隙間《すきま》に潜《もぐ》り込んでいるのが発見されている。オツネントンボの方が寒風に身をさらすのを嫌うようである。

静止しているホソミオツネントンボに手を近づけ反応を見たところ、気温が15〜17度のときには飛んで逃げるが、14度くらいだと横にそれて身をかわす。12〜14度だとさわるとしっぽを曲げるものの、身をかわすことはせず、捕まえて無理に飛ばすと、弱々しく飛ぶ。しかし11度以下だと、無理に飛ばしても、飛ぶことができずに落下してしまうことなども分かった。このようなことから、気温が15度以上ないと飛ぶことはできないものと思われる。ところが、自然状態でホソミオツネントンボの飛翔《ひしょう》活動が見られるのは、晴れていて日陰で計った気温が11度以上の日に限られていた。飛翔《ひしょう》限界気温の15度より低くても飛んでいることになるが、活動場所に日が当たっているため、飛翔《ひしょう》可能な温度になっているのであろう。

　オツネントンボの場合も飛翔《ひしょう》限界気温は11度くらいで、気温が11〜14度以上になると活発に飛び回った。真冬でもトンボが飛び回るというのは意外であるが、一体何のために飛ぶのであろうか。まず考えられるのは食糧の補給である。ところが、オツネントンボにしろ、ホソミオツネントンボにしろ、これまで1回もエサを捕まえたのを見た試しがない。飛び方も直線的で、晩秋や早春に見られるような、近づくエサを飛び上がって追いかける行動が全く見られないのだ。どうも越冬中はエサを全く食べないようである。飛ぶことにより、かなりエネルギーを消耗するはずで、そんなマイナス面を承知で、一体何のために飛ぶのだろう。オスもメスも飛び回り、その比率は変わらない。今のところ、その真冬に飛ぶ理由は分からない。私には、人間が暖かい日には散歩したくなるように、トンボも暖かさに誘われて飛びたくなってしまうように思えてならない。

　あるいは、トンボが飛び交《か》う春を待ちこがれている我々トンボ愛好家を慰《なぐさ》めるために飛んでくれるのか。とすれば、なんと愛らしい生き物なのだろう。

トンボ採り

私の子供の頃には、夏休みの宿題としてよく昆虫標本が出品されたものだが、いつの頃からか、夏休みの作品展に昆虫標本が姿を消してしまった。最近では標本どころか、網を持って虫を追いかけている少年達の姿すら滅多に見ることがない。とはいえ、毎年夏になると、スーパーやホームセンターでは、捕虫網と虫かごが店頭に並ぶので、虫採りが消滅したわけではなさそうである。私たちの世代では、虫採りは小・中学生の遊びだったが、現在では幼児期の遊びとなっているようだ。

現在では、虫採りは低俗な遊びで、分別《ふんべつ》のある年齢の子供がやるべきものでないといった風潮があるようである。さらに、昆虫採集は大切な生き物の命を絶つ残酷《ざんこく》な行為、あるいは自然保護に反するといった、一部の自然保護指導者の主張が教育現場に持ち込まれ、そのために虫採りをする子供が少なくなったとも考えられる。しかし、虫採りが命を奪う残忍《ざんにん》な行為であるとするなら、魚釣《つ》りだって同罪である。ところが、不思議なことに魚釣《つ》りについては寛容《かんよう》である。また、虫採りは幼稚な遊びだと考えるお母さん方は、何を根拠にそう考えるのだろうか。大人になってからも虫採りに興《きょう》じたからといって、別に恥ずべきことではないと思う。もちろん自慢する必要もないが、何か1つのことに熱中できるというのは幸せなことだろう。たいてい幼児期には虫に興味を持つものである。その興味の芽を根拠のない偏見《へんけん》によってつみ取らないで欲しいものである。

トンボ観察会をやるときに、私は子供に網を持たせてトンボを捕まえさせる。ところが最近の子供は、実にトンボ採りが下手である。相手の動きを見るとか、じっと構えて一瞬のチャンスを待つといったゆとりがない。ただやたらと網を振り回して追いかけるだけである。トンボと競争しても勝ち目はないのだから、追いかけてはダメなのである。射程距離にトンボに近づいても、こわごわとゆっくり網を振るものだから採れっこない。しかも、トンボがどこに止まっていても、網を上から振り下ろすだけのワンパターンである。全く情けない限りである。自然観察会などで、講師が採ってはいけないなんて講釈するものだから、こんなに現代っ子はトンボ採りが下手になってしまった。昆虫観察は遠くから眺めるのではなく、捕まえたり、さわったりして、体全体で感じとることが大切だと私はつねづね思っている。

トンボを上手に捕まえるには

トンボを捕まえる方法として、指をトンボの顔に近づけて、クルクル回すというのが有名である。最近出版された子供向けのトンボ本にも、トンボが目を回してフラフラになっている漫画が描いてあった。しかし私は、いまだかつて、この方法でトンボを仕留めた試しがない。何人ものトンボ愛好家に聞いても、採れた記憶はないと言う。トンボ採りには自信のある我々でさえ採れないのに、トンボになじみのない人が採れる道理がない。まして、トンボが目を回してフラフラになるはずがない。確かにアカトンボなどあまり人を警戒しない種類では、うまくやると指の動きに応じてトンボが目を動かすことはあるので、その隙《すき》に捕まえられるかも知れない。しかし、世間で信じられているようなポピュラーな採集方法とはとてもいえないものである。

昔の採集法としてよく知られているのが、関西地方では「ブリ」、関東では「トリコ」と呼ばれる

図14：トンボの採り方

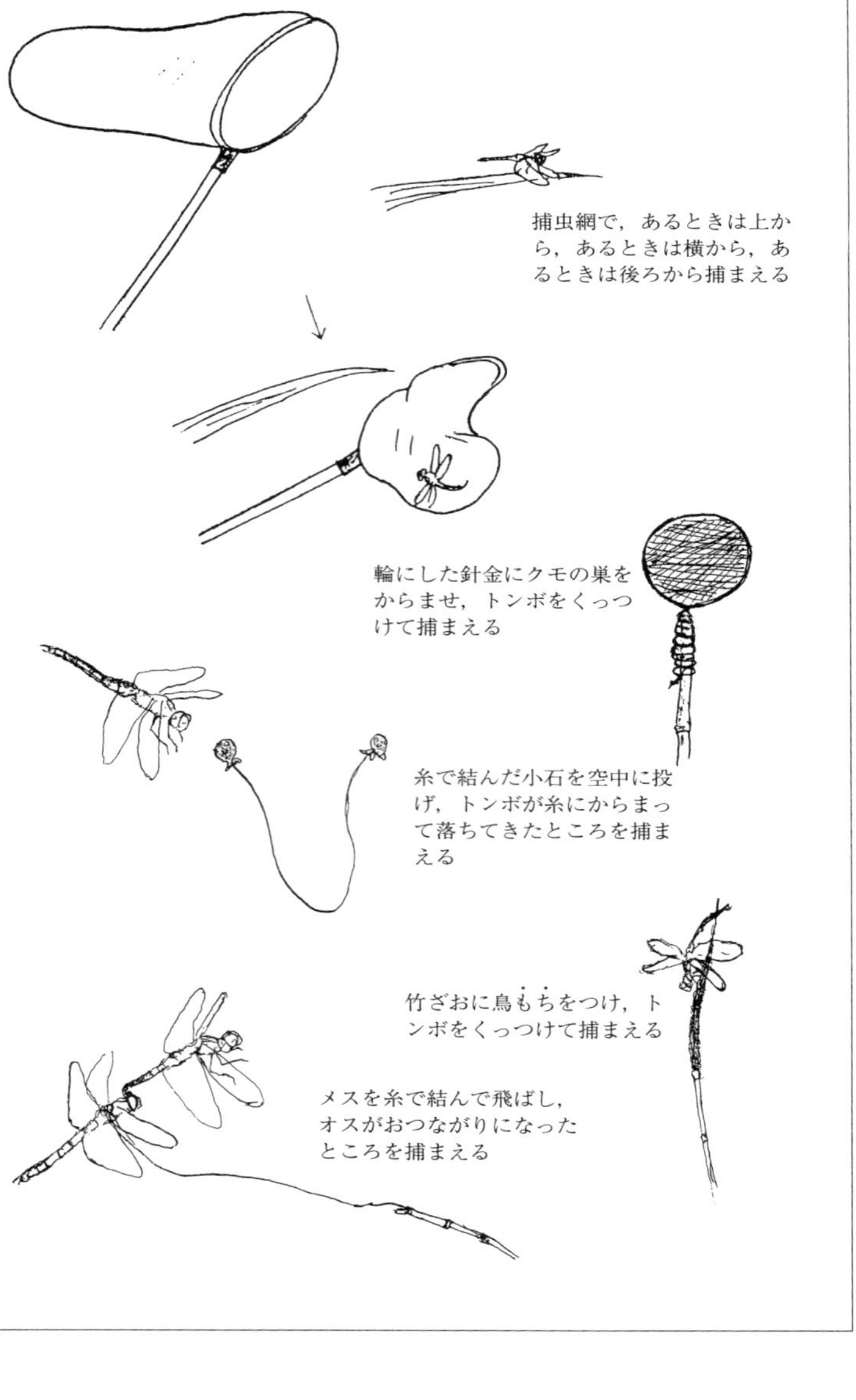
捕虫網で，あるときは上から，あるときは横から，あるときは後ろから捕まえる
輪にした針金にクモの巣をからませ，トンボをくっつけて捕まえる
糸で結んだ小石を空中に投げ，トンボが糸にからまって落ちてきたところを捕まえる
竹ざおに鳥もちをつけ，トンボをくっつけて捕まえる
メスを糸で結んで飛ばし，オスがおつながりになったところを捕まえる

方法である。これは1メートルほどの糸の両端に小石などの重石《おもし》をつけ、それをヤンマが群れ飛ぶ上空に放り投げる方法である。これはヤンマが、小石をエサと間違えて追いかけ、ヤンマが糸に絡《から》まって地上に落下したところを、手で押さえるというものである。小石を投げるタイミングが難しく、かなり熟練を要するようだ。この方法は関西が主力で、65歳以上の年輩の方しか経験がないようである。

関東でよく知られた方法に、鳥もちをつけた竹の棒を飛んでいるヤンマにかざして捕まえるというのがある。私にはこの方法でトンボを捕まえた経験はないが、幼い頃、セミならよく捕まえた。しかし、鳥もちがセミの羽にべったりとくっついてしまい、それをベンジンで取り除くのだが、うまくとれない。トンボのような薄《うす》い羽を持つものでは、羽の傷《いた》みがひどいであろう。子供が背丈《せたけ》よりはるかに長い竹ざおを操《あやつ》るのは容易ではなく、洗濯物にくっついたりして往生《おうじょう》したことを思い出す。また、メスを捕まえて、竹や棒の先に糸でくくり、オスの前にかざして、おつながりとなって絡《から》まった所を押さえるという方法もある。この方法で捕まえるのはもっぱらギンヤンマである。ちなみに関東ではメスをチャンと呼び、とくに羽が茶色く色づいたメスは、滅多に採れないあこがれの存在であった。

竹ざおの先に輪にした針金を取りつけ、粘着性のあるクモの巣を輪に絡《から》みつけて、トンボをくっつけるという採り方もあった。捕まえるたびに、クモの糸を補強しなければならないので、クモの巣探しが大変だったことを思い出す。

最近の採集法はもっぱら捕虫網である。止まっているトンボに気づかれないように、じわじわとゆっくり接近し、止まっている場所に応じて、あるときは上から、またあるときは横から素早く網を振って仕留めるのである。

滅多に止まらないヤンマの場合には、網を悟《さと》られないように、下にして構え、ヤンマが射程距離まで近づいて来るのを辛抱《しんぼう》強く待つ。チャンスは1度しかなく、もし空振りするとヤンマは遙《はる》か彼方《かなた》に飛び去ってしまい、もう戻ってこないと覚悟した方がよい。飛んでいるヤンマは、ひと振りで網の中に仕留めなければならない。仕留めると、カサカサという乾《かわ》いた羽音《はおと》が網の中から聞こえ、まさに筆《ひっ》舌《ぜっ》に尽くしがたい快感である。こういう感覚は、体験してみた者でなければ分からないものだろう。

パート2◉水中編

「ヤゴ」とは何だ?

スマートな体をひるがえして大空を自由に飛び回って暮らす成虫時代に比べ、暗く、冷たい水の中で、もぞもぞと暮らす幼虫時代は、何か侘《わび》しい感じがする。もし仮に、これが逆で、幼虫時代を大空で、成虫時代を水中で暮らすとしたら、トンボの世界はずいぶん夢のない物語となる。不格好《ぶかっこう》な形をして、暗い世界に住んでいたものが、美しい姿に変身して明るい大空へ飛び立つからこそ夢があるのだ。

不思議なことに、カワゲラもカゲロウも水の中で暮らすのは幼虫期で、成虫はトンボと同じ大空を飛び交《か》うことができる。セミも幼虫時代は暗く冷たい土の中だが、成虫になると飛んだり歌ったりと華々《はなばな》しい。暗い世界のあとに、明るい明日が待っている。しかし、華《はな》やかな成虫の時代は短く、地味な幼虫時代の方がずっと長い。人間に限らず、どんな世界でも楽しいことは長くは続かないものなのか。

もちろん、こんなふうに考えるのは人間だけで、生き物は与えられた環境の中で日々を精一杯過ごしているだけであろう。

トンボの幼虫は俗《ぞく》に「ヤゴ」と呼ばれている。私は昆虫少年として育ち、子供の頃は、毎日虫ばかり追いかけていた。ところが、ヤゴというのを見たことがなく、初めて目にしたのは、中学生になって本格的に昆虫採集を始めてからであった。

私に限らず、ヤゴという名前は知っていても、案外実物を見たことのない人が多いのではないだろうか。その反面、セミの抜《ぬ》け殻《がら》はよく見かけるもので、私も小さい頃からセミの抜《ぬ》け殻《がら》はよく手にした。俳句にも「空蟬《うつせみ》」と呼ばれ、よく登場する。

セミに抜《ぬ》け殻《がら》があるように、トンボにも抜《ぬ》け殻《がら》がある。トンボの抜《ぬ》け殻《がら》は、セミの抜《ぬ》け殻《がら》ほどなじみがないが、実は簡単に見つかるのである。しかもその数は、セミの比ではなく、羽化《うか》シーズンなら種類によっては数時間で500〜600個を集めるのも難しくはない。トンボの抜《ぬ》け殻《がら》は、水際の草や棒のほか、川の場合には、テトラポットや橋桁《はしげた》を探せば簡単に見つけることができる。

セミの幼虫は土の中に住んでいることは分かっていても、そう簡単に掘り出せるものではない。それに比べヤゴは、川や池に行って、ざるやたも網で掬《すく》えば簡単に採集できる。しかもヤゴの姿や大きさは実に様々で、大きなヤゴでは4センチにもなる。トンボ採りの場合は、巧《たく》みに飛翔《ひしょう》する相手との駆《か》け引《ひ》きや、網を振るタイミングが勝負で、スリリングでスポーツ的な面白さがある。それに対し、ヤゴ掬《すく》いは、ここぞと思う水底や水草の茂みを掬《すく》い、上げてみないと何が入るか分からない、という期待感がある。あなたも、手にしたざるの中に4センチもある大きなヤゴがうごめくのを目にしたら、きっとヤゴ掬《すく》いが病み付きになるであろう。

このように、その気になればヤゴは簡単に見つかるものだし、その生態はなかなか面白いのだが、成虫には興味があっても、ヤゴにはあまり関心がないというトンボ愛好家が多い。また、これまで昆虫研究者の研究テーマにも、ヤゴは取り上げられることがほとんどなかった。このため、ヤゴの生態や行動についての研究は少なく、知見にも乏しい。このような事情から、ヤゴについて詳しく書かれた普及《ふきゅう》啓発《けいはつ》的な書籍も皆無に近く、ヤゴの暮らしは世間には知られていない。

以下私自身が観察した事柄を中心に、ヤゴの世界について紹介したい。

彼らの生活

日本に住む約200種類のトンボの多くで、卵から孵《かえ》ったヤゴが何日くらいでトンボになるのか、そしてその間に何回ぐらい脱皮《だっぴ》するのかといった生活史すら、あまり調べられていない。

脱皮《だっぴ》回数や生育期間は、飼育してみれば分かるはずであるが、ヤゴを長期間飼育するのは結構《けっこう》根気がいるし、冷水に住むヤゴを長期間飼育するのはかなり難しい。また、室内で飼育すると、冬も水温が高く保たれるため、自然状態より早く成長してしまうことが多く、野外の実態を反映しない恐れがある。このため、飼育と並行して、野外で定期的にヤゴを捕まえ、その大きさなどを調べる必要がある。私も何度かヤゴの生活史を調べてみたが、野外で卵から孵《かえ》ったばかりの米粒《こめつぶ》より小さなヤゴを捕まえるのはかなり難しいし、小さなヤゴはどれも似ているため、種類の判別が困難なものが多い。そんなわけで、自然状態でのヤゴの生活史を調べた研究は意外に少ないのだ。ギンヤンマやシオカラトンボでさえ、よく分かっていないというのが現状である。

これまで分かっている限りでは、ヤゴの生育期間は種類によって大きな差があり、最短はウスバキトンボの約1ヶ月、最長はムカシトンボの6〜7年で、数ヶ月から1年前後のものが多いようである。ヤゴの脱皮《だっぴ》回数は9〜14回ほどで、生育期間が短い種類ほど脱皮《だっぴ》の回数が少ないということはない。ウスバキトンボは1ヶ月のあいだに11回ほど脱皮《だっぴ》するのに対し、ムカシトンボは1年に2回くらいしか脱皮《だっぴ》しないのである。脱皮《だっぴ》回数は、同じ種類でも個体によって差が生じることもある。

同様に、生育期間も場所や個体によって異なる場合もある。例えば、高山や低山地に生息するルリボシヤンマの場合、長野県の北アルプスでは、卵から足かけ4年で羽化《うか》するのに対し、私が埼玉県秩《ちち》父《ぶ》市で調べたところでは3年で羽化《うか》した。同じヤゴを室内でエサをたくさんやって飼育すると、1年か2年で親になる。これは水温やエサの量の違いで生育に違いが生じるためだろう。また、ギンヤンマなどのように、エサと水温が適度にあればいつでも羽化《うか》するものと、ある特定の季節にならないと羽化《うか》しないものとがある。羽化《うか》する季節が限られる種類の場合、生育が遅れてその年の羽化《うか》時期に間に合わなかった個体は、翌年の羽化《うか》時期を待つことになり、通常より1年遅れることになる。

このように、ヤゴの生活史を調べてみると、意外に複雑であることが分かる。とはいえ、ヤゴを飼育するというのは結構《けっこう》楽しいことでもある。あまり難しいことは考えずに、とりあえずヤゴ飼育にチャレンジしてみたらどうだろう。飼育は生き物への関心を子供達に喚起《かんき》するためのきっかけになるし、老後の趣味としてもお勧《すす》めである。

そこで、次に簡単にヤゴ飼育のポイントを紹介しておこう。

ヤゴの飼い方

野外からヤゴを採集してくるのだが、初心者は羽化《うか》が近い成長したヤゴを持ち帰る方がよいだろう。先にも述べたように、あまり長期間の飼育は根気がいるだけでなく難しい点もあるからである。

捕まえたヤゴの羽になる部分（翅芽《しが》と呼ぶ）を見て、それが腹部の半分くらいまできていれば、おそらく次の脱皮《だっぴ》でトンボになる終齢《しゅうれい》幼虫だ。その年か来年には羽化《うか》すると見てよい。

ヤゴを持ち帰るときには、水は入れない方がよい。なぜなら水を入れると、水とともにヤゴが揺さぶられて体力を消耗したり、酸素不足に陥《おちい》ったりするためである。ただし、ヤゴの体が乾いてしまうとよくないので、ヤゴを持ち帰る容器の中に、水草や湿《しめ》った落ち葉、それがなければ濡《ぬ》らしたティッシュを入れておく。たくさん持ち帰るときには、1つの容器に一緒に入れず、フィルムケースのようなものに1匹ずつ入れて、お互いに傷をつけるのを防ぐようにする。

家に着いたらすぐ、飼育容器に移してやる。容器はガラス水槽だと透明なのでヤゴが観察しやすいが、100円ショップで売っているポリ容器でも十分である。ただし、深くて狭《せま》い入れ物だと酸素不足になりやすいので、高さ5～10センチくらいの浅く広い容器の方が適している。容器の底には川砂やペットショップで売っている砂利《じゃり》を敷いてやる。そのときに、傾斜を持たせたると水深に差ができて、ヤゴは好みの深さの場所を選ぶことができる。また陸の部分を作って、そこに草を植えたり大きな石を置いておけば、羽化《うか》するときの足場になる。

水は水道水で構わないが、塩素《えんそ》消毒が心配な場合は、少し汲み置きしてから使った方が無難である。一般に川に住むヤゴは酸素不足に弱いので、できるだけ熱帯魚飼育で使用するエアーポンプを使って、細かく発泡してやるとよい。それがない場合は、水深を2センチくらいまでにして酸素不足にならないようにする。水の中に金魚藻《きんぎょも》や石を入れてやると、ヤゴはそれに掴《つか》まったり隠《かく》れたりして安心する。

飼育用器は温度変化の少ない場所に置き、直射日光は避ける。

ヤゴは、生きている物しか食べないので、エサの手配がやっかいであるが、ペットショップや釣具店で生きているイトミミズやアカムシを売っているので、それをやると便利である。しかし、イトミミズやアカムシはすぐに死んでしまうので、1度にたくさん買わない方がよい（冷蔵庫に入れておくと比較的長生きするが、たいていは家族の反対に遭《あ》うので、あまり勧《すす》められない）。

エサのイトミミズなどは、小さな塊《かたまり》にしてヤゴの顔の前に落としてやる。おなかをすかせたヤゴは貪欲《どんよく》に食べるが、食欲のないヤゴはエサに反応しない。

エサは食べるだけ与え、食べない場合はやらない方がよい。食べ残したエサが死んで、水質を悪化させてしまうからである。また、ヤゴは絶食に強いので、毎日与える必要はない。ずぼらな私は1週間に1回くらいしかエサをやったためしがないが、いまだかつて、ヤゴに文句を言われたことはない。ただし、羽化《うか》が近づくと食欲が旺盛《おうせい》になるので、このときばかりは目一杯食わせるようにしている。

水は汚れたら交換が必要であるが、あまり神経質になる必要はなく、時々《ときどき》水面に浮いた油をティッシュでぬぐい取ってやる程度でもよい。冬はエサをやる必要はないが、エサを与えてみて食べるようであれば、やった方がよいだろう。

図15：ヤゴの飼い方

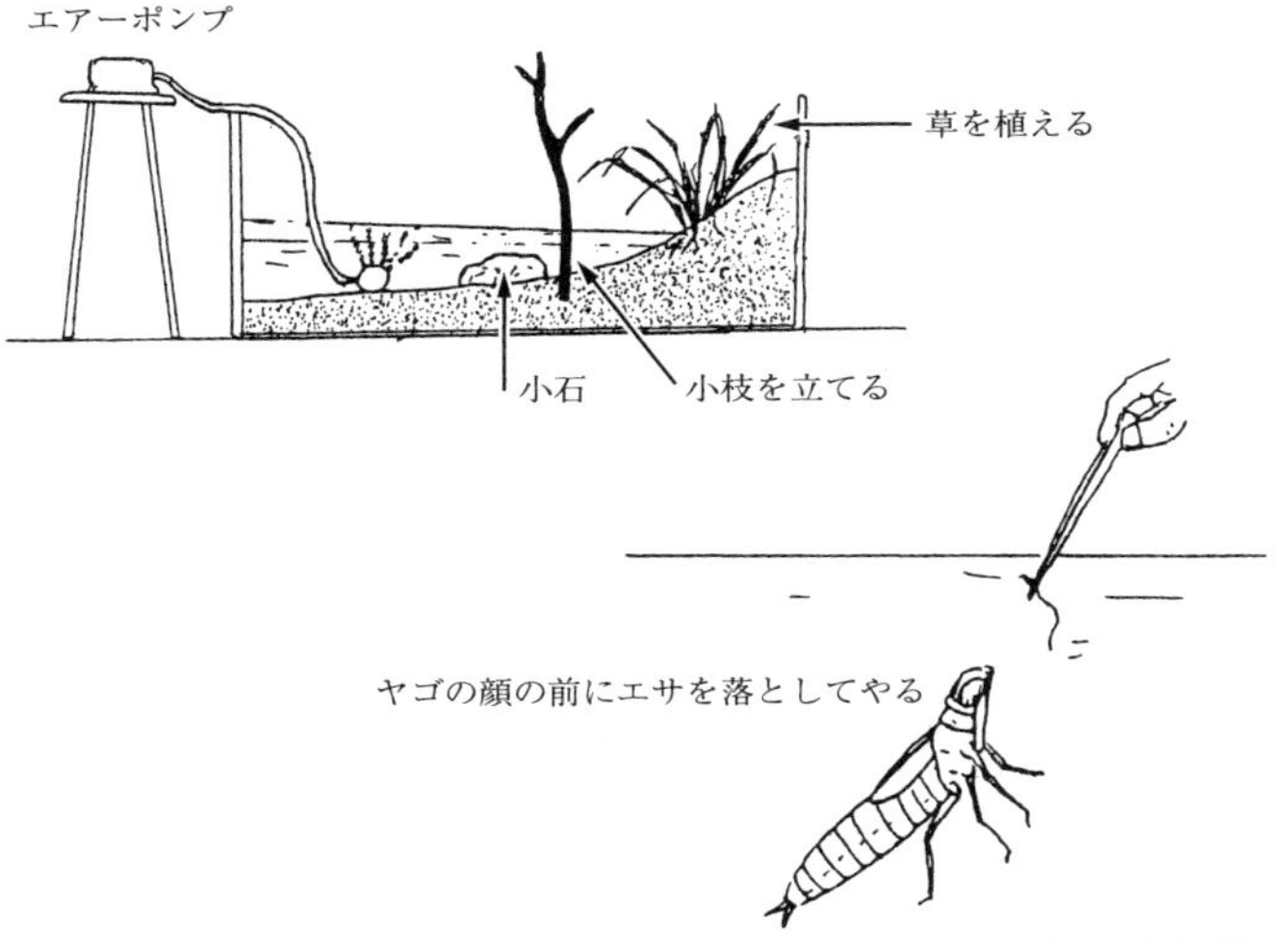

羽化《うか》の準備

飼育していて1番楽しみなのは、羽化《うか》を見ることである。長い間世話をしたヤゴが、トンボへと変身する光景を目《ま》の当《あ》たりにする喜びは、何事にも替えがたいものである。その反面、羽化《うか》直前で死んでしまったり、羽化《うか》に失敗して飛べないトンボになってしまい、言葉には尽くせない罪悪感《ざいあくかん》や辛《つら》さを味わうこともある。生き物を飼うということは、そういったことを覚悟で取り組むことが必要だし、だからこそ飼育を通していろいろなことが学べるのではないだろうか。

羽化《うか》直前のヤゴは、エサを食べなくなり、水中から身を乗り出してじっとするようになる。これは胸にある気門《きもん》で呼吸を始めるためだと言われている。ヤゴのときは鰓《えら》で水中の酸素を取り入れているが、成虫になると、気門《きもん》という気管で呼吸をするようになる。羽化《うか》直前は鰓《えら》呼吸から気門《きもん》呼吸へ切り替わる移行期といえる。

エサを食べなくなったら、早めに羽化《うか》用の足場を用意してやる。ガマなどの水草を剣山《けんざん》にさして、容器の底に置いたり、棒きれを容器の端に立てかけて固定するなどして、ヤゴが安心して羽化《うか》できる場所を備えることが大切だ。ヤゴは、足場に掴《つか》まってじっとしていることが多くなるだろう。じっとしているために表面上は何の変化もないように見えるが、この時期、身体の内部では成虫への準備が着々と進行している大切な時期なのだ。いじり回したり、水を換えたりすることは控《ひか》えなければならない。

羽化《うか》する時刻は種類によって異なっているが、おおむね夜間から早朝に行われることが多い。このため、ちょっとした隙《すき》に羽化《うか》してしまい、がっかりさせられることがある。間もなく羽化《うか》することは分かっていても、今日か、明日か、明後日かというのは、相当飼育経験を積んでも見極《みきわ》めは難しい。羽化《うか》する当日は、完全に水から出て足場の石や草に登るので、そんな様子がないかどうか、こまめに観察する必要がある。

羽化《うか》のドラマ

さて、水面でじっとしていたヤゴが、ゆっくり水から這《は》い出して、羽化《うか》する場所を探し始めたら、いよいよ羽化《うか》である。自然状態の場合、ヤゴは岸辺の草や、杭《くい》、石などしっかり掴《つか》まることができる場所で羽化《うか》する。ヤゴにとって脱皮《だっぴ》の途中で脚《あし》が滑《すべ》ったら一巻《いっかん》の終わりなので、羽化《うか》場所選びはかなり慎重である。

羽化《うか》する場所が決まると、体をのけぞらせたり、しっぽを左右に振る、脚《あし》をつっぱる、といった動作を行う。周りに障害物がないか、滑《すべ》り落ちる危険はないかといった点をチェックするのだろう。足場を固めるまでは警戒心が強く、近づいたり電気をつけたりすると、水中に戻ってしまうことがあるが、それが済むと、羽化《うか》の体勢に入り、電気をつけても大丈夫である。明るい部屋でゆっくり2～3時間の羽化《うか》のドラマを楽しむことができる。

羽化《うか》は、胸の中央が裂《さ》けることから始まる。盛り上がるようにして成虫の胸部が現れ、ついで大きな複眼《ふくがん》や、くしゃくしゃに縮《ちぢ》まった羽が現れる。羽は徐々に伸びて、何倍にも大きく立派《りっぱ》なものになる。羽は薄《うす》い袋状の構造になっていて、その中を血液が押し入ることによって伸びていくのだという。

図16：羽化のプロセス

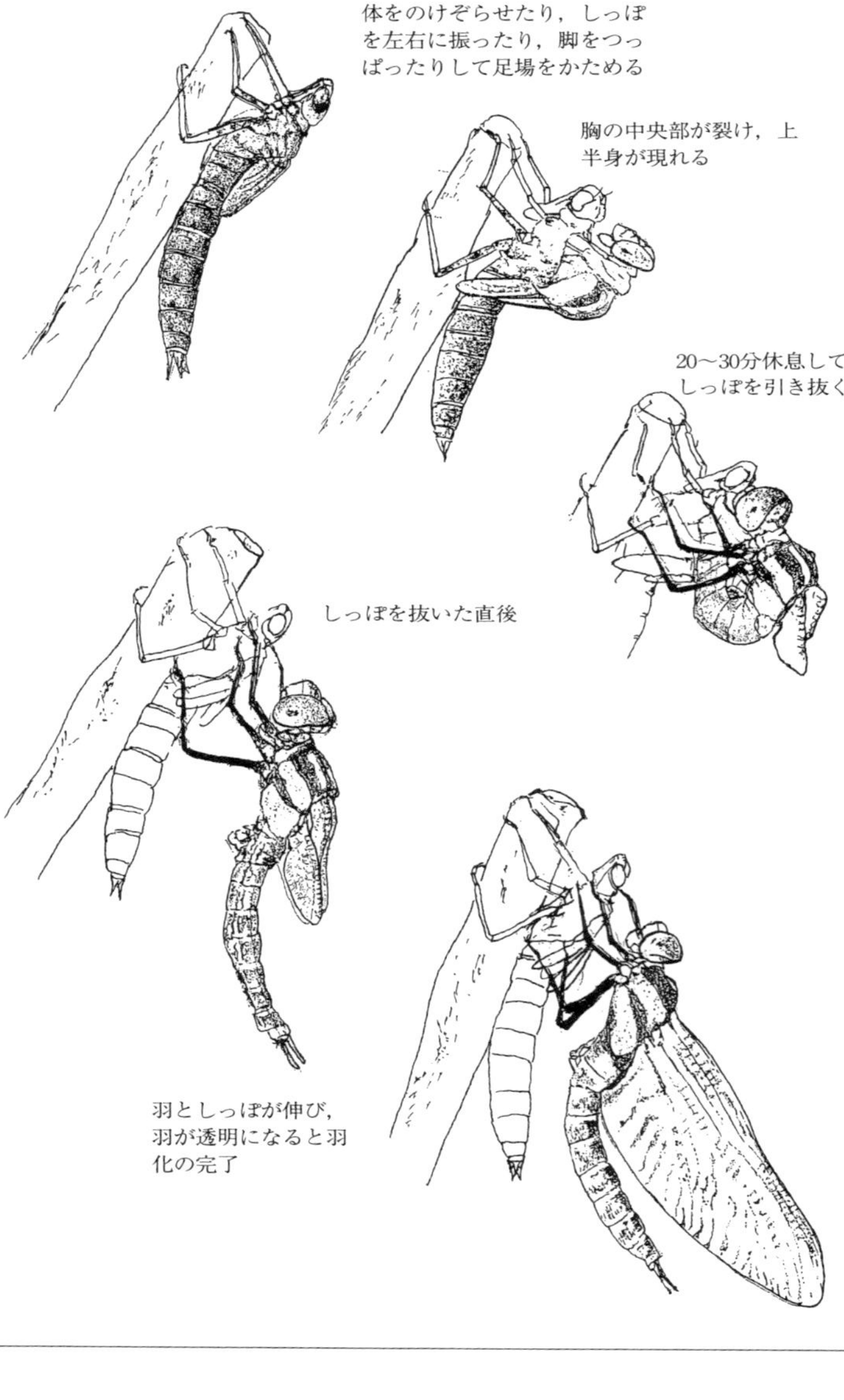
体をのけぞらせたり，しっぽを左右に振ったり，脚をつっぱったりして足場をかためる
胸の中央部が裂け，上半身が現れる
20～30分休息して，しっぽを引き抜く
しっぽを抜いた直後
羽としっぽが伸び，羽が透明になると羽化の完了

羽が伸びきって羽化《うか》が完了すると、袋が張りつくように重なってしまい、1枚の薄《うす》い羽となる。

脚《あし》が抜けると、しっぽだけを残して、20〜30分の休息に入る。これは、抜け出たばかりの柔らかい脚《あし》が、硬く固まるのを待つ時間である。脚《あし》が固まってしっかりすると、殻《から》に掴《つか》まり、しっぽを抜く。抜け出たばかりのしっぽは太くて短いが、時間の経過とともにトンボらしいスラッとした格好《かっこう》になる。しっぽは、羽化《うか》に先立って肛門《こうもん》から吸収した水と、羽化《うか》のときに口から取り込んだ空気を腸に送り、腸を膨《ふく》らませて長く伸ばすのだという。そのため、羽化《うか》中のトンボはやたらと口を動かし、空気を取り入れている様子がうかがえる。

やがて肛門《こうもん》から1滴、また1滴と水を垂らし始め、それにつれて、ぶよぶよだったしっぽが、細くがっちりするようになる。この水はしっぽを膨《ふく》らますときに使ったもので、廃棄《はいき》物質である尿酸《にょうさん》が含まれているという。白かった羽が透明になると羽化《うか》の完了で、突然、閉じていた羽をぱっと開き、音もなくスーッと飛び立つ。

処女《しょじょ》飛翔《ひしょう》だ！

水中生活の第1歩

ところで卵から幼虫が孵《かえ》ることを「孵化《ふか》」という（幼虫から成虫になるのは「羽化《うか》」）。孵化《ふか》したばかりのヤゴは、「前《ぜん》幼虫」と呼ばれ、体全体が薄《うす》い膜《まく》で包まれている。このため脚《あし》を動かせず、歩くことができない。前《ぜん》幼虫はさらにもう1回脱皮《だっぴ》して、膜《まく》を脱ぐと自由に歩行ができるようになる。日本では前《ぜん》幼虫から脱皮《だっぴ》して自由に歩き回れるようになったヤゴを、1齢《れい》幼虫と呼んでいる（国によっては、前幼虫《ぜん》を1齢《れい》と数える)。

卵を水中に産みつける種類のトンボでは、孵化《ふか》後の前幼虫《ぜん》はすぐに脱皮《だっぴ》をして1齢《れい》幼虫となる。ところが、水から離れた場所に産卵《さんらん》する種類のトンボの場合には、卵から孵《かえ》った前幼虫《ぜん》はすぐには脱皮《だっぴ》できず、水面に達してから脱皮《だっぴ》する。脱皮《だっぴ》をするためには水が必要で、水の存在しない場所では脱皮《だっぴ》することができないからである。

孵化《ふか》場所と水面が近ければよいが、種類によっては水面からかなり離れた場所に産卵《さんらん》するものもある。そんな種類の場合には、気の毒なことに前幼虫《ぜん》は水辺にたどり着くまでが一苦労である。何しろ前幼虫《ぜん》は歩くことができないので、折り曲げた腹部を勢いよく伸ばし、エビのように跳《は》ねて移動するのである。このためかなり体力を使うだろうし、思った方向へ跳《と》べるとは限らない。しかも、前幼虫《ぜん》の体は乾燥に弱いため、一刻も早く水辺にたどり着かないと、水分を失って命を落としてしまう。限られた時間の中で、不自由な体を使って水辺を目指す、というのは難儀《なんぎ》なことであろう。

ミルンヤンマというトンボは、谷川に散在する朽《く》ちて柔らかくなった木片に産卵《さんらん》するのだが、岸から5〜6メートルも離れた木片に産卵《さんらん》することが珍しくない。数ミリの小さな前幼虫《ぜん》の体からみれば、5〜6メートルというのは途方もなく長い距離になるだろう。

朽《く》ち木に産みつけられたミルンヤンマの孵化《ふか》直前の卵を取り出し、水に浮かべて観察してみた。すると、卵から孵《かえ》った前幼虫《ぜん》は、そこがすでに水面であるのにもかかわらず、断続的に跳躍動作を5時間も続けた後に、やっと脱皮《だっぴ》したのである。ミルンヤンマの場合、孵化《ふか》後水辺にたどり着くまでの時間を5時間と見込み、5時間以上たたないと脱皮《だっぴ》しないような指令が遺伝子の中に組み込まれているのだろう。

　空中編で述べたように、オオアオイトトンボは、岸辺の樹木に産卵《さんらん》する習性があるが、ときには地上10メートルもの高所に産卵《さんらん》することもある。その場合には、卵から孵《かえ》った前《ぜん》幼虫は、10メートル下の水面めざして飛び降りることになる。うまく着水したとしても、落下時の衝撃に耐えられるのだろうか。

　親が卵を水面に産みさえすれば、子供はこのような苦労をする必要がないのに、なぜ親は子供にこのように過《か》酷《こく》な試練を課すのであろうか。その理由として思い浮かぶのは、魚による捕食の回避《かいひ》である。たとえば、水面にちょんちょんとしっぽをたたきつけて産卵《さんらん》すると、水面の震動により、魚が集まってきて、産むそばから卵が食べられてしまう恐れがある。しかし、岸辺に産卵《さんらん》すれば魚に食われる心配はない。また、流れの速い場所に産卵《さんらん》する種類では、卵は一気に下流に流されてしまう恐れがあるが、岸辺ではその危険が少ない。とはいうものの、地上にだってアリなどに卵を運び去られてしまう危険が

図17：前幼虫

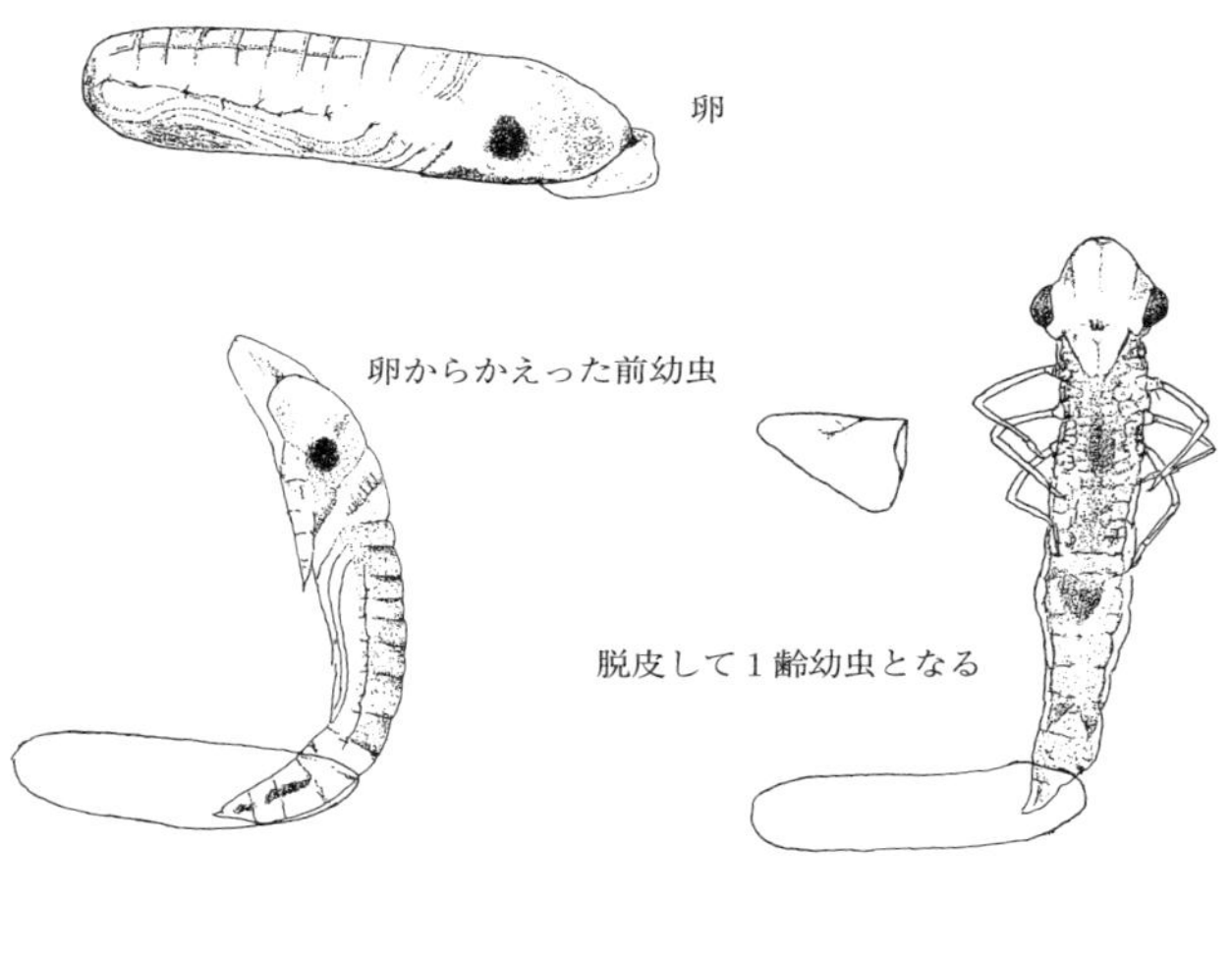

あるし、トンボの卵に産卵《さんらん》するハチ（卵寄生蜂《らんきせいほう》といい、トンボの卵を食べて育つ）に狙《ねら》われる危険もある。地上にだって危険は一杯なのだ。魚に食べられるのを防ぐのであれば、水に浸《つか》った植物に産卵《さんらん》すればよいので、実際そのような場所に産卵《さんらん》する種類もたくさんいる。

私には子供の危険を帳消《ちょうけ》しにするほどのメリットが思い浮かばないが、水辺から離れた場所に産卵《さんらん》する種類がごく少数ではないことを思えば、やはりそれなりのメリットがあるに違いない。

何はともあれ、前《ぜん》幼虫の脱《だっ》皮《ぴ》を終えたヤゴは、長い水中生活の第1歩を始めることになる。

流水《りゅうすい》に住むヤゴ

世間ではヤゴは清流のシンボルとされ、よほど山間の水のきれいな川や池に行かないと見つからないと思っている人が多いようである。しかし残念ながら、ヤゴは結構《けっこう》汚い水にも住んでいる。もちろん、清澄《せいちょう》な水にしか住めないものもいるが、その一方で、悪臭が漂《ただよ》うどぶのような川や池に住むものもいる。ただし、化学的な汚染《おせん》物質には弱いようで、工場廃液《はいえき》が流れるような水辺には生息しない。

ヤゴの住んでいる水域は、河川、湖沼《こしょう》、池、湿地、水田のほか、海の水が混ざる汽水《きすい》域など広範囲に及ぶ。海にもヤゴが住んでいれば、海水浴も楽しいものになるのだが、残念ながら海に住むヤゴはいない。

これらヤゴの生息水域は、流水《りゅうすい》域と止水《しすい》域とに大別され、種類によって流水《りゅうすい》に住むもの、止水《しすい》に住むもの、どちらにも住むものがある。

サナエトンボやカワトンボの仲間は流水《りゅうすい》に、イトトンボやヤンマ、アカトンボなどの仲間は止水《しすい》に住むものが多く、一般的に流水《りゅうすい》に住む種類はヤゴの期間が長いものが多い。

代表的な流水域《りゅうすいいき》とは、すなわち川である。川の水質を調べる方法として、水生昆虫を指標にする方法が知られているが、不思議なことにその中にトンボは含まれていない。トンボを加えたら、もっと精度が上がるような気もする。だが、水質という尺度の指標として生物が適当だろうかという疑問も湧《わ》く。水中の生き物の環境という視点に立った場合、水質は多数ある環境要素の1つに過ぎず、水質が適当だからといって、その生物が生息できるわけではない。水質と生物を直接対比させること自体、無理があるのではないだろうか。

生物から見た川の環境というと、必ず引き合いに出されるのが、有名な可児藤吉《かにとうきち》氏が提唱した、瀬《せ》と淵《ふち》の組み合わせによる河川形態型である。すなわち、川は蛇行《だこう》しながら流れ、その中に早瀬《はやせ》、平瀬《ひらせ》、淵《ふち》、がある。1つの蛇行《だこう》区間にいくつ瀬《せ》と淵《ふち》があるかによって、河川形態を分類し、生物の生息環境を把握《はあく》しようとした試みである。ここでいう早瀬《はやせ》とは、流れが速く、水面に白波が立っている場所、平瀬《ひらせ》は水面にさざ波が立つ程度の流れの場所である。また、淵《ふち》は水面が波立たず、深くて普段は流れが緩《ゆる》く、底が砂や泥《どろ》になっている場所である。

学生時代にこの可児《かに》氏の河川形態型の本を読んだのだが、頭の悪い私には今ひとつ理解できなかったし、それは今でもあまり変わらない。最近の川は人の手が加わりすぎて、昔のように自然の流れになっていないことも、感覚的に理解しづらい原因になっているのかも知れない。河川は山から里へ下るにつれ、流れが緩《ゆる》やかになり、上流、中流、下流と区別されたり、川の広さから、大河川、中河川、小河川、細流《さいりゅう》、と分類されることもある。また、山地流《さんちりゅう》とか平地流《へいちりゅう》と表現することもある。このように川の特徴を表す方法は様々であるが、通常、流水《りゅうすい》に生息するヤゴは、上流域種、中流域種、下流域種に分けられることが多いようだ。しかしこのように分類できるのは大河川であり、ヤゴは大河川より中・小河川の方が多く見られる傾向がある。そのため、私は山《さん》地流《ちりゅう》種、丘陵地流《きゅうりょうちりゅう》種、平地《へいち》流《りゅう》種という分け方の方が現実的だと考えている。

流水《りゅうすい》域に生息するヤゴの生息環境を考えたとき、流れの速さや水深、水温、川底の状態などいくつもの環境要因があるが、関東地方の河川で調べた限りでは、川底の状態が最も重要であるように思う。

川底の分け方にもいくつかあるが、岩、巨石、石、砂利《じゃり》、粗砂《そさ》、細砂《さいさ》、泥《どろ》と分類した場合、岩が露《ろ》出《しゅつ》して堆積物《たいせきぶつ》がない場所や、巨石ばかりの場所にはあまりヤゴは見られない。また川底が石や砂利《じゃり》になった早瀬《はやせ》に住むものも少なく、ムカシトンボ、オナガサナエ、ヒメサナエなど数種類のみである。

一般に、多くのヤゴが見られるのは、流れの緩《ゆる》やかな、川底が砂と泥《どろ》が混じったような場所である。また、水草の有無《うむ》や岸辺の状態も重要なポイントで、ハグロトンボなどカワトンボの仲間やヤンマの仲間は、草が繁茂した川岸や水草の繁茂した場所を好み、ヤゴはそれらの植物に掴《つか》まって生活している。淵《ふち》にはリターパックと呼ばれる落ち葉が溜《た》まった場所ができ、ヤゴの生息に適しているように思えるが、意外に落ち葉のたくさん堆積《たいせき》した所にヤゴは少ない。

ただし、1年間を通して同じ川でヤゴ探しをしてみると、夏と真冬はあまりヤゴが見つからないのに対し、春や秋は同じ場所でたくさん採れる。このことから、季節により生息場所を移動している可能性もある。

止水《しすい》に住むヤゴ

止水《しすい》域は沼、池、貯水槽、湖、湿原、湿地、水田、休耕田《きゅうこうでん》、水たまり、水泳プールなどである。

池や沼の場合、水深、広さ、水温、底が泥《どろ》深いか、落ち葉が溜《た》まっているか、どんな水草が生えているか、沼や池の周辺の環境はどうか、といった条件によって生息する種類が異なる。水田の場合は、冬のあいだ土が湿《しめ》っているか、乾いているか、田植えと稲刈《いねか》りはいつ行われるか、水を張っている期間はどれくらいか、農薬を使っているか、灌漑《かんがい》用の水はどこからどうやって引いているか、などが重要なポイントとなる。

これらの止水《しすい》域の中で、最も種類が多いのは、平地や丘陵地《きゅうりょうち》にある水草が豊富な池や沼である。ところが、平地や丘陵地《きゅうりょうち》の池や沼は、埋め立てられたり、埋め立てられなくとも水の汚染、釣《つ》り堀《ぼり》化、水草の消失、ヤゴの天敵であるブラックバスやアメリカザリガニの大繁殖など様々な形で環境が悪化しているため、トンボが激減している。その中でもとくにイトトンボ類の減少傾向が著《いちじる》しいようである。イトトンボ類の減少は産卵《さんらん》に必要な水草類の消滅が大きな原因だと思われる。

水草と一口にいっても、岸辺に生えるガマやアシのような抽水《ちゅうすい》植物、スイレンのように葉を水に浮かべる浮葉《ふよう》植物、金魚藻《きんぎょも》などの沈水《ちんすい》植物、水面に漂《ただよ》う浮漂《ふひょう》植物に分類される。多くのイトトンボ類は、茎《くき》や葉の柔らかい沈水《ちんすい》植物や浮葉《ふよう》植物に産卵《さんらん》する種類が多いのだ。ところが埼玉県の池や沼を見て回ったところ、抽水《ちゅうすい》植物は健在であるが、沈水《ちんすい》植物と浮葉《ふよう》植物の生えている所は極《きわ》めて少なく、生えていても沈水《ちんすい》植物の場合コカナダモ、浮葉《ふよう》植物の場合ヒシなどごく限られた種類であった。いろいろな水草が生育できる池や沼の環境こそ本来のものだろう。

平地における湿地も減少しているが、最近は稲《いね》を作らない、いわゆる休耕田《きゅうこうでん》が増加しているため、湿地に住むトンボがそこに侵出《しんしゅつ》している。しかし休耕田《きゅうこうでん》は、やがて水のない草地になってしまうので、トンボにとってよい状態は長くは続かないだろう。

一方、山岳地帯にある湖沼《こしょう》の場合には、埋め立てられたり水が汚染されたりする危険性は少なく、それゆえそこに生息するトンボたちも比較的安泰《あんたい》である。同様に山地の湿原も保護されている場所が多く、平地の湿地に比べれば安全な場所といえるだろう。

以上のように、止水《しすい》域のトンボの生息環境を見た場合、平地に生息する種類が危険な状態になっているといえる。最近、池や沼は保護の対象として注目されてきたが、トンボの生息場所としての田んぼには、あまり関心が持たれていないようである。

田んぼのトンボ

2000年秋に日本トンボ学会が大阪で開かれた。その席上、長年関西でトンボの研究をされてきた方が、「今年はアキアカネを1匹も見なかった」というショッキングな発言をされた。少々オーバーな表現かとも思うが、確かにアキアカネが減ってきたような気がする。アキアカネは田んぼに住むトンボの代表である。田んぼがトンボの住めない環境に変わっているということだろう。

私が埼玉県や福島県で調べたところ、水田を住み場所としているヤゴは、アキアカネのほか、ナツアカネ、ノシメトンボなどのアカトンボを主体に10数種類であった。九州ではウスバキトンボが最もたくさん発生するというが、関東の水田ではそれほどではないようだ。日本に約２００種のトンボが分布していることを考えると、田んぼに住むトンボは意外に少ないといえる。しかし、日本の至る所に田んぼは存在するのだから、田んぼに住むことに成功したトンボは、日本中に住み場所を得たことになる。このため、田んぼのトンボは、どこにでもいる普通種として繁栄してきたのだ。

田んぼに住む10数種のトンボに共通しているのは、卵から成虫になるまでの期間が1年以内のものであるという点である。しかも、卵で越冬する種類が多い。毎年、春先には耕耘《こううん》され、田植えで水が入ったかと思うと、収穫時には水が抜かれてしまうという、不安定な環境が原因だからだろう。ヤゴの時代が何年もかかるトンボや、水が抜かれてしまう冬をヤゴで過ごす種類には住みにくい環境といえる。ヤゴで冬を越す種類が住めるのは、水はけの悪い、冬でもじめじめした田んぼか、水を抜いても用排水路《ようはいすいろ》にいつまでも水が残っていて、ヤゴが避難できる場所がある田んぼである。ところが、1枚の田んぼの面積を大きくして、すべて機械で作業することが効率的な農業であるとの観点から、日本全国の田んぼが、区画の大きな、大型機械の使用に適した排水のよい水田に改変されるようになった。それに付随して用排水路《ようはいすいろ》もコンクリート化されて、必要なときだけ水が流れるようになったり、地下に埋設《まいせつ》されてしまうようにもなった。また、規模が大きくなっても農家の労働力が増えるわけではないので、労力節減のため農薬で除草《じょそう》や病害虫を防除《ぼうじょ》することになる。しかもコストを下げるため、ヘリコプターによる広域的な空中散布もとり入れられた。

たくさんのヤゴが発生する山あいの小区画に分けられた田んぼで調べると、ある田んぼにはたくさんのヤゴが発生するのに、隣《となり》の田んぼには全くいないということを経験する。私たちには同じように見えても、1つ1つに微妙な環境の差があり、その差によってヤゴの住める田と、住めない田とに分かれるのだろう。ところが、大区画化に伴い、稲《いね》を作らない時期は、どこもがカラカラに乾いた状態の田んぼばかりになってしまったのである。このような乾燥化した田んぼの増加は、田んぼを主な住みかとし、ヤゴで冬を越すシオヤトンボなどのトンボに大きな打撃を与えたと思われる。幸いアカトンボの仲間は、卵の状態で冬を越し、卵は乾燥に強いため、何とか田んぼでも暮らすことができるのだろう。しかし、アカトンボでも、水路に産卵《さんらん》するミヤマアカネは著《いちじる》しく減っているし、アキアカネもじわじわと減ってきている。

アキアカネの悲劇

アキアカネの卵がどの程度の乾燥に耐えられるのか、簡単な実験をしたことがある。アキアカネのメスを捕まえて、しっぽの先を水に浸《ひた》すと、すぐに産卵《さんらん》を始める。こうして得た卵を、採卵《さいらん》2時間後、3日後、23日後に水中から取り出してシャーレに入れ、日当たりのよい窓辺に置いて乾燥させてみた。採卵《さいらん》2時間後に取り出したものは3日目に、3日後に取り出したものは5日目に、全て干《ひ》からびて死んでしまった。それに対し、採卵《さいらん》23日後に取り出したものは、干《ひ》からびず、水中にもどしたところ孵《ふ》化《か》するものも多かった。

孵化《ふか》した卵と孵化《ふか》しなかった卵を比較したところ、ヤゴの目になるところが黒く色づく「眼点期《がんてんき》」まで発生が進んだものは、孵化《ふか》率が高いことが分かった。このことから、産卵《さんらん》後すぐに干上《ひあ》がって乾燥してしまう場所だと、卵も干《ひ》からびてしまうが、産卵《さんらん》場所が湿《しめ》っていて、眼点《がんてん》が形成されるまで発生が進んだ卵は、乾燥に耐性を持つようになると考えられる。アキアカネをはじめ田んぼに住むほとんどのトンボは、眼点《がんてん》が形成されて乾燥に耐性ができた段階で冬を迎えているのである。

田んぼに生息するアカトンボは、6種類ほどいるが、そのうちアキアカネ、ナツアカネ、ノシメトンボの3種類が多く、いずれも卵で冬を越して初夏に羽化《うか》するという共通の生活史を持っている。そのなかでとくに繁栄していたのがアキアカネであった。そのアキアカネが減っているという。それはどうしてなのか。

私は今後、アキアカネは勢力を失い、替わってノシメトンボの勢力が増すだろうと予想している。その理由は、両種の産卵《さんらん》の違いである。

アキアカネの場合には、稲《いね》が生育しているうちは、田んぼへの産卵《さんらん》を嫌い、稲刈《いねか》りを終えて点々と水たまりができたような田んぼに産卵《さんらん》する。最近は前述のように、コンバインのような大型機械による収穫が主流になっており、また地下排水などで、収穫時にぬかるみのない乾いた水田が増加している。さらに、コシヒカリなど収穫時期の早い早稲《わせ》品種が増えていて、他の品種の新米よりも早く供給するために今後ますます収穫時期は早まるであろう。アキアカネが涼しくなった山を下り、産卵《さんらん》を行う時期は、地方によって異なるが、一般に9月中旬以降である。つまり、排水がよいために水たまりのできにくい水田が増加し、しかも収穫時期が早まることにより早めに排水されるので、アキアカネが産卵《さんらん》場所とする、所々に水が溜《た》まった田んぼは少なくなる。仮に水たまりができていて産卵《さんらん》したとしても、すぐに乾いてしまうため、卵は乾燥に耐えうる眼点期《がんてんき》まで発生できずに、干《ひ》からびてしまうかも知れない。

一方、ノシメトンボは水の有無《うむ》にかかわらず産卵《さんらん》し、しかも収穫前の稲《いね》に産卵《さんらん》するため、まだ水が張られていたり、たとえ水が抜かれていたとしても稲《いね》の陰になって卵は乾燥から守られ、冬が来るまでには眼点期《がんてんき》まで発生が進んでいることになる。このため、卵が干《ひ》からびてしまう確率は低いと考えられる。また、産卵《さんらん》が盛夏から晩秋期までと長いため、収穫時期の影響も受けず、産卵《さんらん》場所も稲《いね》さえあればよいので、あちこちの田んぼに産卵《さんらん》することができるのである。こうして、今後はアキアカネが少なくなり、ノシメトンボが増えていくと思うのだが、さてどうなるであろうか。

変わった場所に住むヤゴ

流水《りゅうすい》と止水《しすい》という分け方でははみ出してしまうような、変わった場所に住むヤゴもいる。変わり者の筆頭はムカシヤンマである（「生きている化石」として有名なのはムカシトンボである。名前が似ているので混同されやすいが別の種類で、ムカシトンボは谷川に住んでいる）。このムカシヤンマのヤゴは、水が滴《したた》り落ちるような湿《しめ》った崖《がけ》に横穴を掘り、その穴に住んでいるのである。まるでカニである。穴の奥には水が溜《た》まっており、脱皮《だっぴ》はその水の中で行う。寒い冬には穴の奥に潜《ひそ》んでいて姿が見えないが、春から夏にかけては穴の入り口から顔を出しており、とても愛くるしい。1つの穴には1匹の幼虫が住んでおり、崖《がけ》に点々と幼虫が住んでいる光景はまるでアパートの住人のようである。

このヤゴを飼育したことがあるが、エサも食べなければ動きもしない。その鈍重《どんじゅう》さは他のヤゴの比ではなく、あまりにも動かないので死んでしまったと思い捨ててしまったことさえある。普通のヤゴのように、水の中で飼うと弱ってしまった。その理由は分からないが、他のヤゴと違って水中ではうまく呼吸ができないのかも知れない。そこで、湿《しめ》した泥《どろ》を容器に入れて飼うことにしたところ、泥《どろ》に浅い穴をあけ、そのくぼみに潜《もぐ》り込んで、ただひたすらじっとしていた。飼育していてもちっとも面白くないヤゴなので、飼育はお勧《すす》めできない。

ムカシヤンマと似たような環境に住むヤゴに、トゲオトンボというのがいる。この仲間は四国や九州など温暖な地域に分布しているイトトンボで、薄暗《うすぐら》い沢筋《さわすじ》の水が滴《したた》り落ちる苔《こけ》むした岩場に生息し、苔《こけ》の間や落ち葉の下に張りついて生活している。尾ひれが吸盤《きゅうばん》の役目を果たし、垂直な壁面を登ることもできる。そのことを知らなかった私は、はるばる、四国からこの仲間のヤゴをクール宅配便で送ってもらい、深いポリ容器に入れておいた。ところが、なんと届いたその日のうちに容器から逃亡し、いなくなってしまったのである。ヤゴは滑《すべ》る垂直面は登れないという、固定観念が失敗の元であった。

ヒメクロサナエは河川の源流域に生息するが、ときには流水《りゅうすい》とはいえないような変《へん》な場所で見つかることがある。私は以前、茨城県のムカシヤンマの生息地を訪れたことがあるが、その際、ムカシヤンマが暮らす崖下《がけした》の草むらで、数匹の抜《ぬ》け殻《がら》を見つけた。ヤゴの確認はできなかったが、崖下《がけした》には道路に沿って水が浸《し》み出していたので、そこで発生したものと思われた。こんなわずかな水なのにエサがいるのか、脱皮《だっぴ》ができるのか、不思議である。

オニヤンマも流水《りゅうすい》に住む種類でありながら、流れのないようなところにも住むことがある。オニヤンマは、ヤンマ類が減少している中で、いまだに全国各地に健在で、東京都内でさえ生息している場所がある。このヤゴは、流れが緩《ゆる》やかで、底が砂泥《さでい》、または泥《どろ》になった川を好むが、田んぼの水の取り入れ口、山の斜面に水が浸《し》み出してできた小さな水たまりにも住みついている。さらに、溜《た》まりすぎた池の水を排水するための、幅15センチ、長さ15メートルのコンクリート製U字溝からも羽化《うか》したのを見たことがある。この水路は、普段は底に僅《わず》かの水が溜《た》まっているだけであるが、大雨が降ると、池の水が溢れて流れができる。羽化《うか》した以外にも小さな個体が数匹確認できたことから、異なる年に産卵《さんらん》されたものと思われた。オニヤンマはその大きな体に反して、このようなほんの小さな流れにも生息できることが、各地に普通に見られる理由であろう。

変わった場所に住むトンボとして忘れてならないのは、ヒヌマイトトンボである。このトンボは意表をつくような場所に住んでいたため、長いことその存在が知られず、1971年に初めて発見され、新種として発表されたトンボである。生息地の1つである、茨城県の涸沼《ひぬま》に因《ちな》んでその名がつけられている。涸沼《ひぬま》は海水が混じる汽水湖《きすいこ》で、アシがびっしり生い茂る場所で見つかった。その後各地で生息場所が発見されたが、荒川《あらかわ》河口、利根川河口など、いずれも汽水《きすい》域に限られている。満潮時には水でおおわれ、干潮時には点々と水たまりが残るような、アシの茂った泥《どろ》深い場所にヤゴが住んでいる。私もまさかこんな場所にトンボがいようとは思いもしなかった。

謎の多いサラサヤンマ

発見が遅れたといえば、サラサヤンマの幼虫もなかなか発見されなかったもので、いまだにはっきりとした生息場所が解明されたとは言いがたい。このトンボは湿地に生息する種類で、かつては珍しかったが最近は休耕田《きゅうこうでん》が増えたおかげで、成虫はかなり普通に見られるようになった。じめじめした地面や朽《く》ちた木片など、水のない場所に産卵《さんらん》する。ところが、産卵《さんらん》しているところはよく見かけるのに、産卵《さんらん》場所の周辺の水たまりを探しても、ヤゴは見つからない。私も埼玉県内各地の産卵《さんらん》場所で何年もヤゴの採集を試みたが、ことごとく失敗した。そのため、生息場所のヒントを得ようと、メスを捕まえて卵を産ませ、ヤゴを飼育してその生態を観察してみることにした。

孵化《ふか》したヤゴを見て、たまげてしまった。それは、ヤンマ類のものとは思えない変わった形態をしていたのだ。通常、ヤンマ類のヤゴは、目が大きく、体はしっかりしていてすべすべしているのに、サラサヤンマのヤゴは、目が小さく、体つきは軟弱で、表面には毛が生えていてざらざらした感じであった。容器の底に泥《どろ》を敷き、小石や木片を置き、水を入れて飼育した。その結果、ヤゴは泥《どろ》には潜《もぐ》らず、木片の裏に掴《つか》まっていた。また、ヤンマ類のヤゴは肛門《こうもん》から水を噴射《ふんしゃ》して遊泳《ゆうえい》するが、サラサヤンマのヤゴにはそのような行動は見られなかった。

このように、他のヤゴとは異なった面もあったが、水中でエサを食べたり脱皮《だっぴ》したりと、極端に特異だという印象はなかった。しかし、その後も野外でサラサヤンマのヤゴ探しを行ったが不調に終わったことから、このヤゴは、水の中ではなく、陸上で生活しているのではないかと考えるようになった。そしてついに、トンボ仲間とともに「トトロの里」で有名な埼玉県狭山丘陵《さやまきゅうりょう》の水たまりの近くで、数匹のヤゴを発見したのである。ヤゴは、水たまりの中をいくら探してもおらず、いずれも水際の湿《しめ》った落ち葉の下に潜《ひそ》んでいたのだ。

陸上生活説の有力証拠だと気をよくしていたところが、あるとき、静岡県在住のトンボ研究家福井順治氏らが、一挙に大小含めて60匹近いヤゴを〝水中から〟採集してしまったのである。福井氏らが発見したのは静岡県三島市の湿地である。サラサヤンマのヤゴが見つかったのは、地下からの浸透水《しんとうすい》によって水が保たれているような、落ち葉の堆積《たいせき》した窪地《くぼち》の水たまりだとのことである。水中から大量のヤゴが見つかったことで、陸上生活説はあっさり否定される結果となったのである。

とはいえ、水たまりの存在しない休耕田《きゅうこうでん》からも本種は発生している。また、普段は水がない河川敷《かせんしき》の草むらから、抜《ぬ》け殻《がら》を得たこともある。サラサヤンマはヤゴの期間が2年だと考えられるので、水中生活者だとしたら、このように2年間も、普段は水のない場所で生存や成長ができるのだろうか？　自説に固執《こしつ》するつもりはないのだが、陸上でも生育する可能性はまだ残されているようにも思えるのである。

ヤゴの形態

トンボの特徴は、大きな目と、大きな羽、華奢《きゃしゃ》な脚《あし》、貧弱な触角《しょっかく》、極端に細長いしっぽ（腹部）である。それに対し、ヤゴは、目も羽も小さく、脚《あし》は結構《けっこう》りっぱで、触角《しょっかく》も種類によっては大きく目立つ。腹部は太く不格好《ぶかっこう》なものが多い。

このように、まさに成虫と幼虫は相反する体型を持っている。このことは水中時代と空中時代の暮らしの違いを反映しているのであろう。

ヤゴの体型は変化に富み、木の葉と見間違うような扁平《へんぺい》なヤゴがいたかと思うと、楊子《ようじ》のようにか細いヤゴもいる。脚《あし》が短いのもいれば、まるでクモのように脚《あし》の長い奴もいる。また背中にゴジラのような突起を持つものもいる。

このようにヤゴの形は千差万別《せんさばんべつ》であるが、大きく2つのグループに分けることができる。その1つは、イトトンボの仲間やおなじみのハグロトンボが属するカワトンボの仲間で、そのヤゴは体が小枝のように細く華奢《きゃしゃ》で、しっぽの先に3本の尾ひれがあるのが特徴である。この尾ひれは正式には「尾《び》鰓《さい》」と呼ばれ、水中で呼吸を行うための器官である。しかし、この尾ひれは外敵に襲われたとき自ら切断して逃げることがある。尾ひれがなければ、呼吸できずに死んでしまいそうであるが、しっかり生きているところを見ると、尾ひれ以外でも呼吸しているのであろう。切断されても尾ひれは次の脱《だっ》皮《ぴ》で再生してくる。

カゲロウの幼虫にも3本の尾ひれがあり、イトトンボのヤゴとよく似ている。しかし、カゲロウには腹にえらがあるのですぐに区別できる。

もう1つのグループは、ヤンマの仲間やサナエトンボの仲間、シオカラトンボ、アカトンボなどの仲間で、尾ひれはなく、頑丈《がんじょう》な体つきをしている。こちらのグループのヤゴは、直腸《ちょくちょう》の内壁《ないへき》にえらがあり、肛門《こうもん》から直腸《ちょくちょう》に水を吸って直腸《ちょくちょう》内でガス交換する。ただし、水中の酸素が乏しいときには、肛門《こうもん》から直接空気を吸うこともあるようで、しっぽの先を水面の外に出しているヤゴを見かけることがある。このグループのうち、ヤンマの仲間は円筒《えんとう》型、サナエトンボの仲間は平べったい体型をしている。

ヤゴの最大の特徴は、伸び縮《ちぢ》みする下唇《かしん》である。これは折り畳《たた》み式になっており、普段は畳《たた》まれているが、エサが近づくと、目にもとまらぬスピードで前方に伸び、先端にある鉤《かぎ》で獲物を捕らえる。下唇《かしん》の形はヤゴを見分ける大切な特徴となっている。

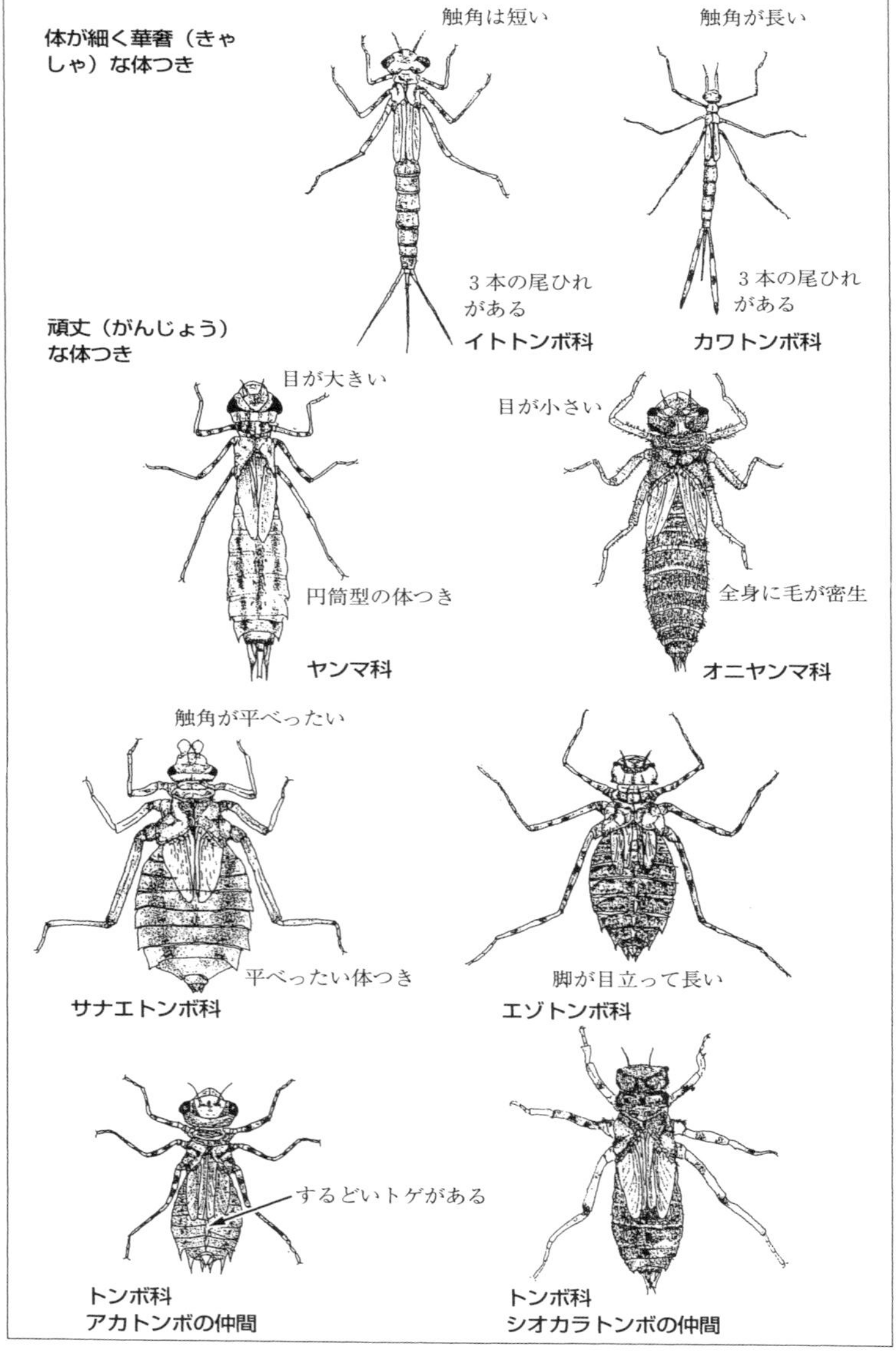
体が細く華奢（きゃしゃ）な体つき
触角は短い
触角が長い
3本の尾ひれがある
3本の尾ひれがある
頑丈（がんじょう）な体つき
イトトンボ科
カワトンボ科
目が大きい
目が小さい
円筒型の体つき
全身に毛が密生
ヤンマ科
オニヤンマ科
触角が平べったい
平べったい体つき
脚が目立って長い
サナエトンボ科
エゾトンボ科
するどいトゲがある
トンボ科
アカトンボの仲間
トンボ科
シオカラトンボの仲間

図18：ヤゴのかたち

見分け方

ヤゴは、体型や触角《しょっかく》の形、下唇《かしん》や尾ひれの形などで何のグループなのかを知ることができる。しかし同じグループ（科）同士のヤゴはとてもよく似ており、成虫以上に種類を見分けるのが困難である。

生物の種類を見分けることを「同定《どうてい》」と呼ぶが、近似種のヤゴの同定《どうてい》には、下唇《かしん》に生えている毛の数（側刺毛《そくしもう》や腮刺毛《さいしもう》）、背中のトゲ（背棘《はいきょく》）の数と尖《とが》り方、脇腹《わきばら》のトゲ（側棘《そくきょく》）の数や長さ、その湾曲度《わんきょくど》などいくつかの特徴を指標にしている。しかし、どれもよく似ており、迷ってしまう。とくにアカトンボの仲間やイトトンボの仲間の区別が難しく、図鑑などの同定書《どうてい》を見てもなかなか判断できないものである。

例えばある同定書《どうてい》でマユタテアカネの特徴を見ると、「腮刺毛《さいしもう》13対、側刺毛《そくしもう》10本、腹部の背棘《はいきょく》は4〜8節にあって、側棘《そくきょく》の8節のものの長さは、その節の1／3、9節のものはその節の1／2」と書いてある。このような大変デリケートな部位で見分けるためには、低倍率の顕微鏡やノギスなどが必要となる。ところが、実際測定してみると、腹部の長さは脱皮《だっぴ》の前後で変化することや、標本の場合、ふやけて長くなったり、逆に縮《ちぢ》んでしまうことがあり、測定値は案外当てにならないことが分かる。そのため、側棘《そくきょく》がその節の1／2とか1／3といわれても、はっきりしないのである。さらに、腹部にある棘《きょく》の数も個体変異があったりして絶対的なものではない。腮刺毛《さいしもう》や側刺毛《そくしもう》の数も、長いのは数えられるが、ごく短いものははっきりせず、分かりにくい。こんなわけで、恥ずかしながら私はいまだに、アカトンボのヤゴの区別に自信が持てないでいる。

また、やっかいなことに図鑑などに出ているヤゴの特徴は最終齢期《さいしゅうれいき》のもので、小さな幼虫には当てはまらない。例えば、ネアカヨシヤンマは、ヤンマの中で唯一背棘《ゆいいつはいきょく》を持つのが特徴である。しかしこのトンボを卵から飼育してみたところ、孵化《ふか》したての1齢《れい》幼虫には背棘《はいきょく》はなく、2齢《れい》から現れた。また、側棘《そくきょく》は1~2齢《れい》が7~9節、3~7齢《れい》が6~9節、8齢《れい》では5~9節に現れ、すなわち成長するにつれて増えてきた。このように、ヤゴの種類を見定めるというのは、かなりの経験と熟練が必要である。

以上のように、ヤゴは同定《どうてい》がやっかいなことがあまり研究が進まない一因《いちいん》となっている。

ヤゴの食べ物

ヤゴの仕事は、エサを食べて早く大人になることである。ヤゴのエサは、ボウフラやイトミミズなどの生きている小動物である。エサのメニューはそのヤゴの生息場所に応じており、谷川に住むものは、カゲロウやカワゲラなどの水生昆虫、池や田んぼに住むものでは、ボウフラやイトミミズなどである。もちろんヤゴの大きさによっても異なり、卵から孵《かえ》ったばかりの微小《びしょう》なヤゴはミジンコのようなものを食べているし、大きく成長したヤンマのヤゴでは、小魚やオタマジャクシも食卓に上る。

これらエサの小動物を得るための道具が、ヤゴにのみ認められる下唇《かしん》であることは先に述べた。下《か》唇《しん》の伸びる長さは種類によって異なり、概してヤンマ類は長く、サナエトンボ類は短い。

この長短の差は、エサを見つける方法の違いに起因しているようである。水槽で飼育しているヤンマのヤゴにイトミミズを与えると、そちらに顔を向け、そっと近づいて来る。一定の距離まで接近した次の瞬間、下唇《かしん》を伸ばして捕獲する。一方、サナエトンボ類のヤゴの場合には、すぐ近くにエサを落としてやらないと、エサの存在が分からない様子である。エサを触角《しょっかく》に近づけてやると反応し、触角《しょっかく》を左右に開いて狙《ねら》いを定める。エサが左右の触角《しょっかく》の真ん中に来たときに、下唇《かしん》を伸ばして捕食する。つまり、ヤンマ類では目でエサを発見するのに対し、サナエトンボ類では目よりも触《しょっ》角《かく》でエサの動きを探知しているものと思われる（前脚も感知能力があるらしいが）。その証拠に、ヤンマ類では、触角《しょっかく》は細く貧弱だが目が大きく発達しているし、それに対しサナエトンボ類の触角《しょっかく》は平べったく、大きいが、目は小さい。

いずれにしろ、小さな棒きれでも肉片でもヤゴの前に近づけて動かしてやると、かみつく。ところが、かみついたものが新鮮な肉片であれば、そのまま食べるが、古い肉や棒きれだとすぐに吐き出してしまう。このことから、ヤゴは動く小さな物をエサとして認知するが、それが食べられるか否かは、食べてみて判断するようである。

図19：ヤゴの飛び道具

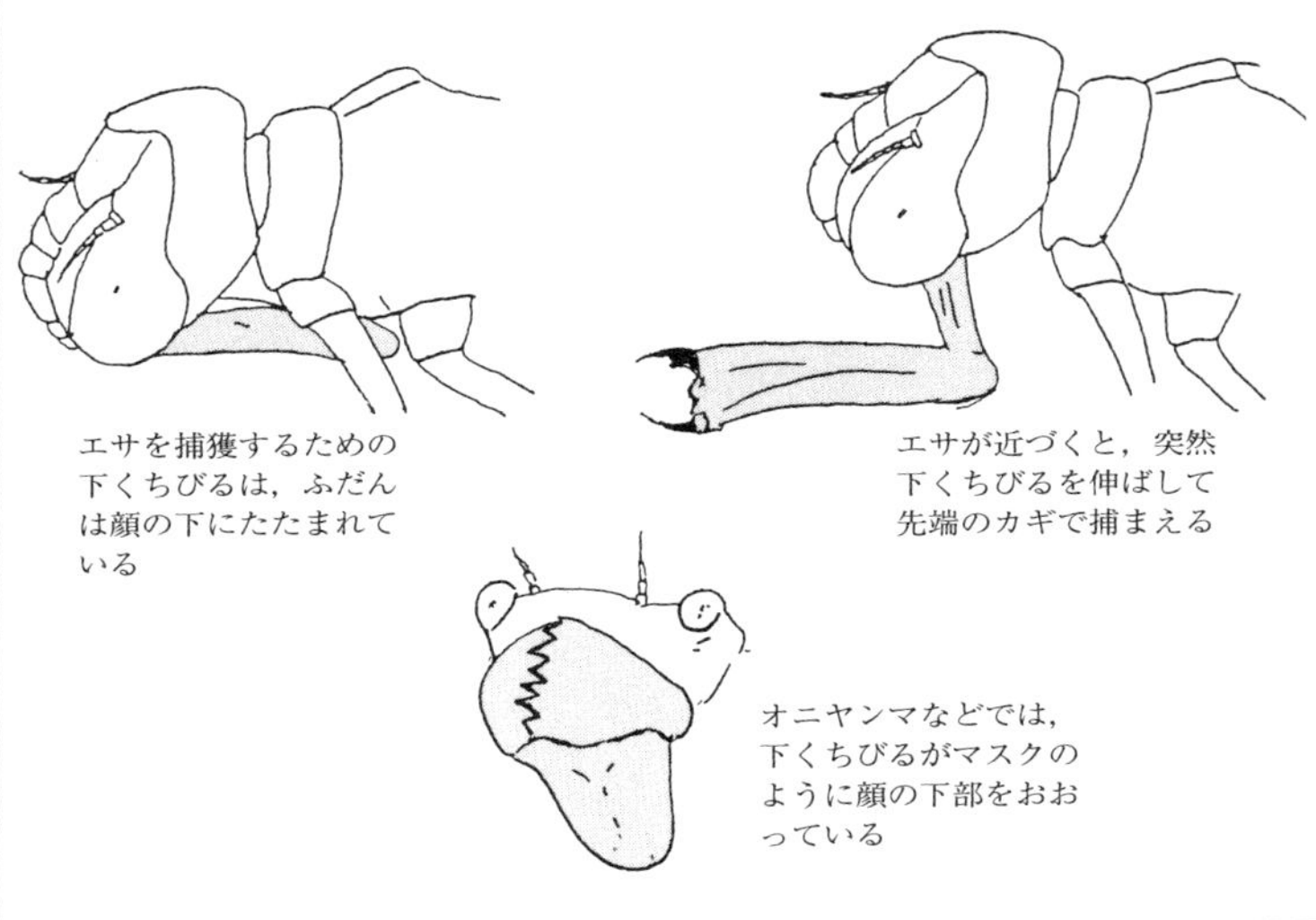
エサを捕獲するための下くちびるは，ふだんは顔の下にたたまれている
エサが近づくと，突然下くちびるを伸ばして先端のカギで捕まえる
オニヤンマなどでは，下くちびるがマスクのように顔の下部をおおっている

ヤゴを飼育していると、イトミミズ、ボウフラ、アカムシなど適当な大きさの物であれば何でも食べる。ただし好き嫌いがあるようで、イトミミズよりアカムシの方を好む。またホタルの幼虫は好まず、かみついても吐き出してしまうという。

ヤゴが野外で何を食べているのかは、ヤゴの腸を裂《さ》き、未消化物を調べれば分かるのだが、あまり楽しそうではないので私はやったことがない。

4つの暮らし

ヤゴの暮らしぶりは、大きく4つのタイプに分けられるようだ。

その1つは、体を水底の砂や泥《どろ》の中に埋めて潜《ひそ》んで暮らす「もぐり型」である。オニヤンマやサナエトンボの多くがこのタイプに属する。オニヤンマの場合には、目としっぽの先だけを泥《どろ》から出している。目を出しているのは外敵やエサを見張るためで、エサが近づくと、突然下唇《かしん》を伸ばして捕獲する。サナエトンボの場合にはしっぽの先だけ出して、全身埋没《まいぼつ》しており、夜になると歩き回ってエサを探す。砂や泥《どろ》に潜《もぐ》る方法は種類によって2つのタイプに分かれる。その1つは、体や脚《あし》をもぞもぞ動かして周囲の砂や泥《どろ》をかけながら、徐々に浅く埋没《まいぼつ》していくもの、もう1つは、前脚や触角《しょっかく》を使って、素早く頭から潜《もぐ》っていくものである。いずれも「もぐり型」の種類には、体中細かい毛が密生しているものが多い。体の大半を泥《どろ》に埋めてじっとしているだけでも分かりにくいのに、毛と毛の間に砂や泥《どろ》が付着してカモフラージュ効果を一層増している。このタイプのヤゴは、魚などの外敵に発見される危険は少ないものと思われる。

第2のタイプは、泥《どろ》に潜《もぐ》らず、水底を徘徊《はいかい》して暮らす「はい回り型」である。アカトンボのヤゴなどがこのグループに含まれる。一般にヤゴは夜行性だといわれているが、このタイプのヤゴは日中でも結構《けっこう》活動する。

第3のタイプは、水底の石の下や落ち葉の下に隠《かく》れて暮らす「かくれ型」である。コオニヤンマは石などの下に隠《かく》れ、コシアキトンボなどは落ち葉の下に逆さまになってつかまる。このタイプに属するヤゴは夜行性のようである。

第4のタイプは、水草や棒きれなどにつかまって暮らす「つかまり型」で、脚《あし》は長く、体は細長いものが多い。イトトンボやヤンマの仲間の多くがこのタイプに属する。日中活動するようで、4つのタイプの中では最も魚やアメリカザリガニなどに捕食されやすいようである。一般に体がなめらかで、円筒型《えんとう》や細長い体型をしている。

以上の分類は便宜《べんぎ》的なもので、「かくれ型」と「つかまり型」を区別する必要はないかも知れないし、シオカラトンボは「もぐり型」と「はい回り型」の中間的な暮らしをするなど、単純ではない。

ヤゴの天敵

大空を飛んで暮らすトンボは、鳥やクモなどたくさんの天敵に囲まれているが、ヤゴの住む水中だって怖い生き物がたくさんいる。

ヤゴの天敵は各種の肉食性の魚類をはじめ、アメリカザリガニ、ミズカマキリやタイコウチ、ガムシの幼虫などの水生昆虫、サンショウウオやカエルなどの両生類《りょうせい》などである。また、浅い水辺に住

図20：ヤゴの暮らし方

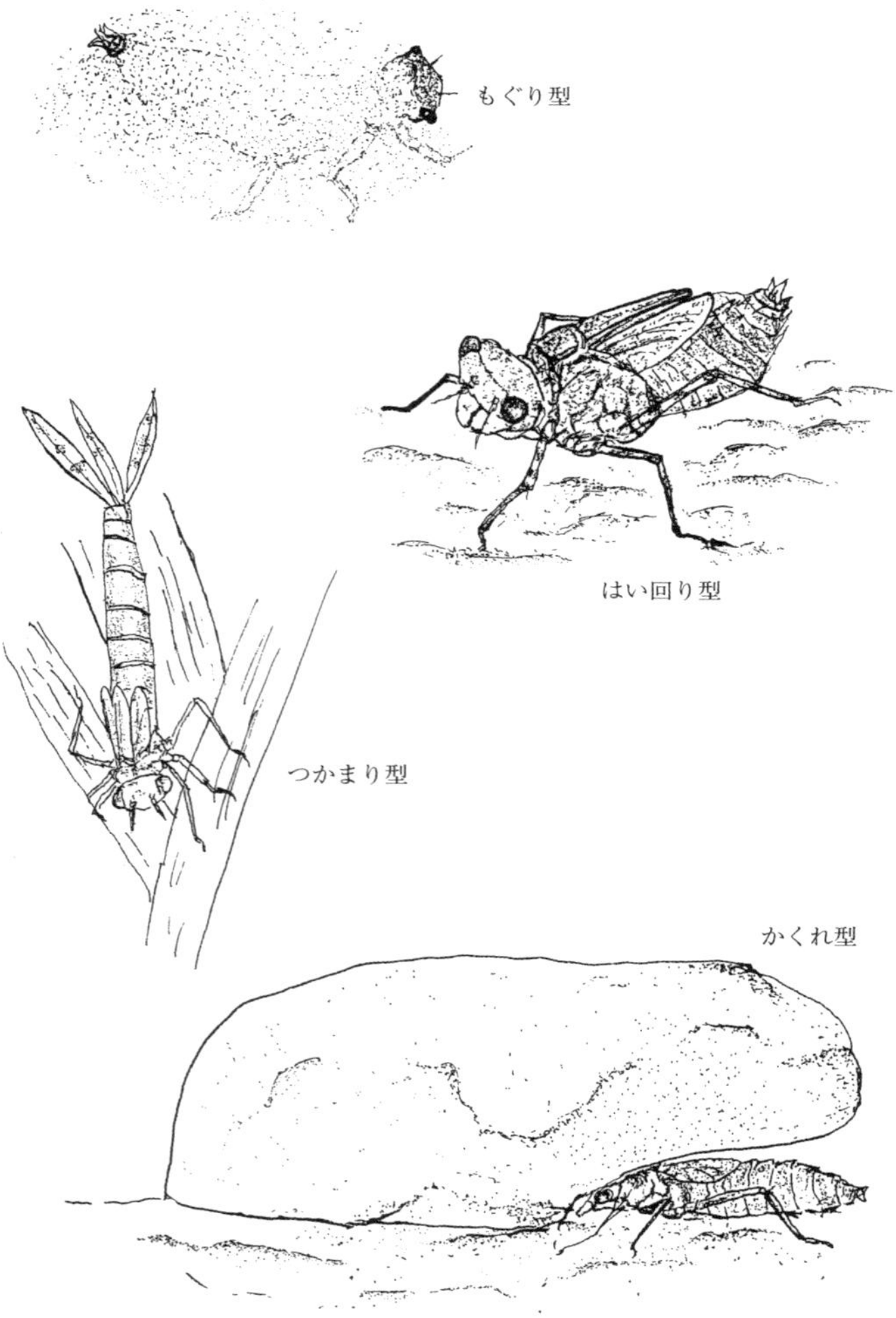

むものはコサギやセキレイにも襲われる。

とくに最近はブラックバスやブルーギル、アメリカザリガニが各地の池や沼で大繁殖し、ヤゴに限らず水生生物が大きな打撃を被《こうむ》っている。ただ、食う・食われるの関係は必ずしも一方的なものではなく、大きく成長したヤンマのヤゴにとって、ブラックバスやブルーギル、ザリガニの小さな子供は敵ではなくエサである。オタマジャクシはヤゴのエサになるが、トンボはカエルのエサとなる。カエルにとっては、親が子供の仇《かたき》をとる格好《かっこう》だ。

最近のアメリカザリガニの大発生の原因として、次のような説を聞いたことがある。最近ブームとなっているルアーフィッシングのためにブラックバスを放流したところ、それが繁殖してライギョの稚魚《ちぎょ》を食べてしまった。ライギョはアメリカザリガニを主なエサとしていたのだが、ライギョが減って天敵がいなくなってザリガニが増えたというのだ。アメリカザリガニもライギョも外国から持ち込まれたものだ。その後の長い時間の中で、両者はバランスを取っていた。そこへブラックバスという新たな外来者の侵入によって、バランスが壊されたということになる。日本は人間社会に限らず、生物の世界も国際化が進行しているようである。そういう世の中で、どうやってバランスを取って暮らしていくのか、大きな課題である。

どのように身を守るか

ヤゴが天敵に襲われたときには、身を守る行動にでるに違いない。しかし、水の中のヤゴを観察するのはかなり難しいことである。水中眼鏡をつけて川や池の底を何時間もじっと見つめていれば、そのうちヤゴが敵に襲われるシーンに出くわすかも知れないが、私にはそんな根性はない。

そんなわけで、野外でヤゴがどんな防衛行動をとっているのか、実は分からないのである。しかし、野外でヤゴを採集したときや、ヤゴを飼育していると、身を守る行動が見られ、野外での防衛行動を知る手がかりとなる。以下、ヤゴが示すいくつかの防衛行動を紹介しよう。

敵の接近を察知《さっち》したヤゴは、まず歩くか、泳ぐかして逃げる。ヤゴの歩行速度は遅く、緊急時の逃避法としてはあまり適していないため、泳いで逃げる場合が多い。ヤゴの遊泳法には「ジェット噴《ふん》射《しゃ》」と呼ばれる方法と、尾ひれ(尾腮《びさい》)や体をくねらせる方法とがある。前者はヤンマやサナエトンボなどのグループが行うもので、肛門《こうもん》で普段はゆっくり水を吸ったり、吐いたりして呼吸をしているが、緊急時は、肛門《こうもん》から吸い込んだ水を勢いよく噴射《ふんしゃ》し、その勢いで急速に前進するものである。

尾ひれや体をくねらせる方法はイトトンボの仲間が行う。体を左右にくねらせるため、体の動きに応じてジグザグ状に前進する。しかし、尾ひれが長く発達したアオイトトンボでは、体はそのままで尾ひれのみを左右に勢いよく振って、直線的に前進することができる。いずれの方法も、呼吸器官を利用して泳ぐという点が共通している。

逃げるだけではなく攻撃する勇敢なヤゴもいる。それはヤンマ類に見られるもので、鋭く尖《とが》ったしっぽの先で相手の体を突き刺す行動である。人がヤンマのヤゴを掴《つか》むと、刺されることがあり、かなりの痛みを覚え、ときには血が出ることもある。この行動は敵から逃れるときだけでなく、他の目的にも使うようである。すなわち、飼育しているヤゴに、大きなミミズを与えると、ヤゴに捕まったミミズはもがくが、そのときにヤゴは何度もミミズを突き刺そうとする。また、1匹のエサを2匹のヤゴが奪い合った場合にも、相手を牽制《けんせい》する手段として使われる。数種類のヤンマのヤゴで調べたところ、この行動は、2齢《れい》から示すようになった。また、ヤンマ類やアカトンボ類のヤゴを指でつかむと、下唇《かしん》を伸ばして指にかみつくこともあった。

死んだふり

攻撃や逃避とは対照的な防衛方法が「擬死《ぎし》」、つまり「死んだふり」である。これは敵に対して、じっと動かずにいることで相手の関心をそらせようとする戦略である。

どんな種類のヤゴも死んだふりをするかというと、そうではない。いろいろなヤゴを飼育して調べた結果、死んだふりをする種類はサナエトンボやヤンマの仲間に多く、イトトンボ類の中にも行うものがあった。

死んだふりをするときには「脚《あし》を縮《ちぢ》める」、「突っ張ったように脚《あし》を広げる」、「脚《あし》を縮《ちぢ》めたうえ腹部を弓なりに反《そ》らせる」といった独特のポーズをとる種類が多い。

死んだふりは、テントウムシやイモムシなど他の昆虫でもよく見られる。イモムシを捕ろうと近づいたら、ポロッと落下してしまい、見つけるのに苦労した経験を持つ読者の方も多いだろう。これは、イモムシが事前に外敵の接近を察知《さっち》して、素早く身を隠《かく》すことにより、危険を回避《かいひ》しているものと考えられる。ところが、ヤゴの場合には、指を近づけたり、水を軽く振動させる程度では死んだふりをしない。ヤゴを掴《つか》むことによって、はじめて死んだふりをするのだ。ヤゴの天敵としては、魚やアメリカザリガニなどであるが、これらの捕食者に捕らえられたあとで、あわてて死んだふりをしたところで、助かる見込みはないように思うのだが。さらに、いくつかの種類で卵から飼育して調べたところでは、死んだふりをするようになるのは、5~6齢《れい》以降の成長したヤゴであった。もし、死んだふりが危険を回避《かいひ》するための行動であるのなら、体が小さく遊泳も下手な小さな幼虫期にこそ示すべきだろうに。

このように、ヤゴの死んだふりを防衛効果と解釈するには矛盾する点が多いのだが、しかし、ではなぜ多くの種類のヤゴが死んだふりをするのだろうか。正直、理解に苦しんでいる。

流れを下る

今から25年ほど前のことだが、当時住んでいた埼玉県熊《くま》谷《がや》市の荒川《あらかわ》にトンボの抜《ぬ》け殻《がら》を探しに行った。大して期待していなかったのだが、予想以上に多くの種類の抜《ぬ》け殻《がら》が見つかり、その中にオジロサナエの抜《ぬ》け殻《がら》もあった。このトンボは山間の林に囲まれた沢に住むトンボであったので、そのときは上流から大水で流されて来たのだろ

図21：死んだふり

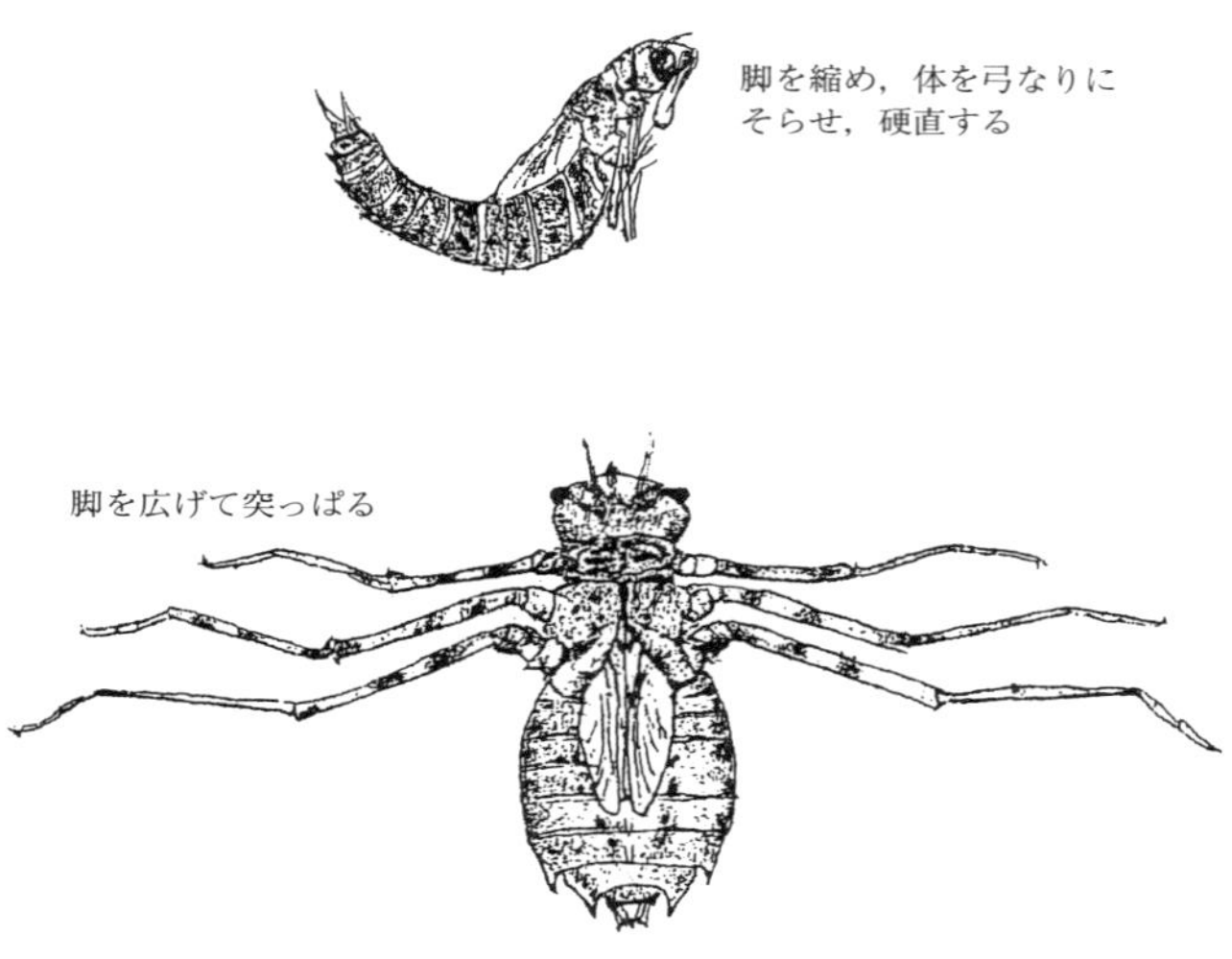
脚を縮め，体を弓なりに
そらせ，硬直する
脚を広げて突っぱる

うと考えた。ところが、荒川《あらかわ》に限らず他のいくつかの川でも、産卵《さんらん》が見られないような大きな河川の中流域でたくさんの抜《ぬ》け殻《がら》が見つかったのである。

もし大水によって上流から流されたとしたなら、毎年同じ場所でたくさんの抜《ぬ》け殻《がら》が採れるというのは合点《がてん》がいかない。もしかしたら、上流から流されるのではなく、わざわざ流れて来るのではないかと考えるようになった。しかし、流されたのか、自分の意志で流れたのか、ヤゴに聞かなければ分からないようなことをどうやって調べたらよいのだろう。頭を絞《しぼ》って考えた末、次のことを確認することから始めることにした。

1. 本当に抜《ぬ》け殻《がら》のたくさん見つかる場所で産卵《さんらん》が行われないのか。
2. もしそうだとすれば、交尾《こうび》や産卵《さんらん》はどこで行われているのか。
3. 大水で流されたとしたら、上流で一緒に住む他の種類のヤゴも流されるはずである。オジロサナエに混じって中・下流域で他のヤゴの抜《ぬ》け殻《がら》も見つかるか。
4. 大水で流されたとしたら、生育段階の異なるいろいろな大きさのヤゴが下流域で見つかるはずである。見つかるであろうか。
5. オジロサナエは何年で成虫になるのか。

その結果、次のことが確認できた。

1. 抜《ぬ》け殻《がら》が毎年たくさん見つかる河川中流域では、メスの産卵《さんらん》はおろか、成熟した成虫さえ全く見られなかった。
2. 成熟したオスは、山間の林に囲まれた小川の木《こ》漏《も》れ日が射《さ》すような場所で、産卵《さんらん》に来るメスを待ち、交尾《こうび》はその付近の樹上で行われた。このような生殖《せいしょく》水域でも少ないながら抜《ぬ》け殻《がら》が見つかり、下流でなくとも羽化《うか》することが分かった。

3. 中・下流域で増水前後のヤゴの種類と数を調べたところ、増水後に他のヤゴは増えたが、オジロサナエは増えず、オジロサナエは流されにくいことが示唆《しさ》された。

4. 多数羽化《うか》する下流域では、終齢《しゅうれい》幼虫は多かったが、年間を通して若齢《じゃくれい》〜中齢《ちゅうれい》の幼虫が少なかった。

5. 盛夏に産卵《さんらん》し、幼虫は10数回脱皮《だっぴ》して産卵《さんらん》当年から数えて4年目の初夏に羽化《うか》すると考えられた。

以上の結果から、私は、オジロサナエの流下《りゅうか》は、増水によって押し流されたのではなく、幼虫自身の意志により下流へ移動したものと考えるようになった。こうした考えをもとに、ほかの流水に住むトンボについて調査したところ、ヒメサナエ、オナガサナエ、ミヤマサナエ、ナゴヤサナエなど、サナエトンボの仲間は産卵《さんらん》場所からかなり離れた地点で多数の抜《ぬ》け殻《がら》が見つかることが分かった。しかし、それら全てが自ら川を下ってきたのか、あるいはただ流されただけなのか、今のところ定かではない。

なぜヤゴは川を下るか

現在最も興味を持っているのがヒメサナエである。このトンボは、オジロサナエと同じような水域に産卵《さんらん》し、両種が混生《こんせい》することが多い。しかし、オジロサナエの場合には岸辺の水が浸《し》み出したようなところに産卵《さんらん》するのに対し、ヒメサナエは流れの速いところに産む。幼虫も、オジロサナエは流れの弱い砂泥《さでい》の底に潜《もぐ》っているのに対し、ヒメサナエは流れの速い石の下に潜《ひそ》んでいる。

さらに、ヒメサナエの場合、産卵《さんらん》水域ではヤゴが見つからず、抜《ぬ》け殻《がら》が大量に見つかる中流域でも、羽化《うか》期以外はヤゴがほとんど見つからないのである。流下《りゅうか》距離はオジロサナエより長く、埼玉県を流れる荒川《あらかわ》で調べたところ、熊谷《くまがや》市から上尾《あげお》市にかけて抜《ぬ》け殻《がら》が見つかった。一方で、成熟個体や産卵《さんらん》は荒川《あらかわ》本流では見られず、支流の上流部や上流に注ぐ小さな支流で見つかった。これらの産卵《さんらん》場所から熊谷《くまがや》市までの距離はおよそ20キロメートル、上尾《あげお》市までだとおよそ50キロメートルも離れている。

結局私は、ヒメサナエは、荒川《あらかわ》の場合、上流域に散在するあちこちの支流で、それぞれ少数の個体が産卵《さんらん》し、そしてそのヤゴが徐々に川を下って、羽化《うか》期に荒川《あらかわ》中流域に集まっていっぺんに羽化《うか》するのではないかと想像しているのだが、個人プレーでは歯が立たない相手なので、今後、何人かのトンボ仲間を誘って共同で調べてみるつもりでいる。

また、同じく荒川《あらかわ》に生息するナゴヤサナエでは、抜《ぬ》け殻《がら》は東京都北区や板橋区で見つかっているが、成熟個体が見られるのはその35キロほど上流の埼玉県北本《きたもと》市辺りに限られる。このトンボは利根川や信濃川、木曽川など大河川に生息し、信濃川の場合には河口付近で多数羽化《うか》し、羽化《うか》した成虫は海風に乗って上流へ移動するという。

さらに、オナガサナエというトンボの場合には、産卵《さんらん》場所と羽化《うか》場所が同じなので流下《りゅうか》しないと思っていたのだが、最近ダムから取水《しゅすい》している農業用水路で抜《ぬ》け殻《がら》を見つけ、流下《りゅうか》することが分かった。この水路は、埼玉県寄居《よりい》町の玉淀《たまよど》ダム（荒川《あらかわ》をせき止めて貯水《ちょすい》したダム）から取水《しゅすい》し、そのまま地下を通って約2キロ離れたところで地上に現れている。抜《ぬ》け殻《がら》はダムの取水口《しゅすいこう》から4キロあまり下った深谷市《ふかや》で見つけたもので、そこは三面コンクリート張りとなっていて、オナガサナエの習性からどう考えてもこの水路で産卵《さんらん》し、幼虫が育ったとは思えない。かといってダムに産卵《さんらん》する種類ではないので、ずっと上流で産卵《さんらん》して育った幼虫が流下《りゅうか》し、ダムを通って取水口《しゅすいこう》から水路に流れ出たと考えるのが妥当である。この事例は、移動したというより、流されたと見た方がよいかも知れない。

いずれにしろ、これらの種類では流下《りゅうか》したということは事実で、水の流れを利用して、川下に移動するということが、その生活上何らかのメリットがあるのだろう。

先のオジロサナエについて考えてみると、産卵《さんらん》が最上流域の水の少ない岸辺などで行われれば、卵や孵化《ふか》間もないヤゴは外敵に食べられる恐れが少ないだろう。しかし逆に、そのような場所はエサが少なく、大量のエサを必要とする成長したヤゴが住むには不向きでもあろう。そのため、下流に下り羽化《うか》するのではないか。しかし、下ったら下ったで、成虫は今度は上流域の産卵《さんらん》場所まで遡上《そじょう》しなければならない。そのためのデメリットも多そうに思う。幼虫の流下《りゅうか》現象はトビケラなど他の水生昆虫でも知られており、興味深い研究テーマである。

干上《ひあ》がっても生きのびる

よほどの大干《かん》ばつでもない限り、川が干上《ひあ》がるということはないが、小さな池や水たまり、あるいは湿地の場合は、少々の日照りでも干上《ひあ》がってしまうことがある。そのような場所に住んでいるヤゴは、常に干上《ひあ》がる危険と背中合わせである。しかし危険がある反面、そのような不安定な水域は、ヤゴの大敵の魚が住めないという点では、安全な場所とも言えよう。深い池や川に住むヤゴは干上《ひあ》がる危険が少ない反面、そのような安定した水系では天敵も多いはずだからである。もし、干上《ひあ》がっても乾燥に耐えるような体をしていれば、干上《ひあ》がる水域に生息する種類は、外敵の少ない安全な場所の生活者として、繁栄できそうである。実際、干上《ひあ》がりやすい環境である湿地に住む種類には、乾燥に抵抗力のあるものが多い。

空中編で述べた、ハラビロトンボやリスアカネの生態を観察した秩父《ちちぶ》市の湿地は、時々《ときどき》全面的に干《ひ》上《あ》がることがあり、とくに冬になると長期にわたって干上《ひあ》がってしまうのが常であった。ところが、春になって水が溜《た》まると、越冬したたくさんのヤゴが見られるのだった。このことは、ヤゴは干上《ひあ》がった湿地で生存していたことを意味する。そこで、干上《ひあ》がった湿地でのヤゴの生存状況を調査したところ、面白い結果を得た。

何年間か調査したが、ここでは1983年8月〜翌年の9月までの調査結果を紹介しよう。この湿地にやって来るトンボは年によって増減があり、それまで多い年には30種、少ない年で21種であった。そのうち毎年見られた種類は、クロスジギンヤンマ、ハラビロトンボなど16種類であったが、毎年羽《う》化《か》していたのは7種類にすぎなかった。このことは、この湿地が干上《ひあ》がりやすいためと考えていたので、それを確認するための調査でもあった。

まず冬の干上《ひあ》がり状況であるが、この年、1983年11月12日から翌年の2月24日までの103日間も干上《ひあ》がってしまった。この間の降雨日数は1日、降雪日数は6日で、総降雨量はわずか67ミリに過ぎず、水が溜《た》まるような状況ではなかった。一方、厳寒期《げんかんき》の気温も極《きわ》めて低く、1月中旬から2月中旬までの旬別《じゅんべつ》平均気温はマイナス0・9度〜マイナス2・4度、最低気温はマイナス6・0度

～マイナス8・5度に達した。

干上《ひあ》がる直前の11月に水たまりをざるで掬《すく》ってどんなヤゴが生息しているのかを調べたところ、キイトトンボ、シオカラトンボ、ショウジョウトンボ、ヨツボシトンボ、ハラビロトンボ、クロスジギンヤンマ、ルリボシヤンマの7種類であった。このうち、1番たくさん見つかったのはキイトトンボで、ついで、ハラビロトンボ、ルリボシヤンマ、クロスジギンヤンマの順であった。

さらに厳寒期《げんかんき》にしばしば干上《ひあ》がった湿地を訪れ、これらのヤゴがどうなったかを1月から2月にかけて調べた。さすが寒さが厳《きび》しい秩父《ちちぶ》地方だけあり、湿地の土壌《どじょう》は日中でも凍結した状態であった。通常、ヤゴは水が溜《た》まった場所をざるで掬《すく》うのだが、水がない以上、どこを探してよいものやら見当がつかない。そこで、草の根もとや枯れ葉の下など、ヤゴが潜伏《せんぷく》していそうな場所を丹念《たんねん》に探すことにした。何日も探した結果、ルリボシヤンマのヤゴは落ち葉の下などから合計61匹見つけることができた。そのうちほぼ半数の30匹はすでに死んでいたが、残りは生存していた。しかし、見つけたときは仮死《かし》状態で、手に持ってしばらくすると、手のぬくもりで息を吹き返し、もぞもぞと歩き始めた。死体をよく調べても外傷はなく、乾燥が死因と思われた。たくさんいるはずのキイトトンボは見つからなかったが、クロスジギンヤンマやショウジョウトンボ、ヨツボシトンボの死体が少数発見できた。

2月末から雨が降り、湿地には久しぶりに水面が蘇《よみがえ》った。そこで、3月1日に水中のヤゴを掬《すく》って無事乾燥した冬を乗り切ることができた種類を調べた。この日生存が確認できたのは、ハラビロトンボ、キイトトンボ、ルリボシヤンマの3種であったが、さらにその後にも調べた結果、ヨツボシトンボとシオカラトンボの生存も確認できた。どれくらいの生存率だったかは不明だが、これらの5種類は103日間の乾燥下にあっても、生存が可能であることが明らかとなった。その一方、クロスジギンヤンマとショウジョウトンボは、低温乾燥に耐えることができずに、死滅したものと考えられた。

この年は春以降も特別に雨が少なく、梅雨《つゆ》の時期だというのに5月28日から6月20日まで23日間も全面的に干上《ひあ》がってしまった。初夏の日射《ひざ》しは強烈で、しかも最高気温が30度になる日もあり、地面は地割れを生じて、湿地とは思えないようなカラカラに乾いた状態となってしまった。まさかこんな乾燥状態の中で生きられるヤゴがいるはずがないと思ったが、念のため草の根もとなどを探してみた。すると、なんと白く乾いた体でありながら、いくつもの生きているハラビロトンボが見つかったのである。

その後6月21日の降雨で再び水が溜《た》まったので、翌日の6月22日に調べたところ、やはり生存が確認できたのはハラビロトンボ1種類だけであった。冬の乾燥には耐えたキイトトンボなど他の4種類も、さすがにカラカラに乾いた状態では生きのびることはできなかったのである。

さらに夏になっても高温少雨傾向は続き、ついには農作物の干《かん》ばつ被害も深刻となるに至った。このため、湿地も8月19日から9月11日までの24日間にわたってまたまた全面的に干上《ひあ》がってしまった。しかし、ハラビロトンボは健在で、9月8日に探したところ、大小さまざまな大きさのヤゴがスゲ類の草の根もとや、乾燥してめくれた土壌《どじょう》のくぼみに頭をつっこんで耐えていた。ヤゴの体は乾いて干《ひ》からびたようになっていたが、さわると反射的に脚《あし》を引っ込め、手に乗せるとすぐに歩行を始め、元気な様子であった。

このように、ハラビロトンボは驚異的な乾燥耐性を持っていることが分かったのである。それは、このヤゴの皮膚が厚いうえに、細かい毛が生えていて、泥《どろ》が付着しやすく体の水分が失われにくいためと思われる。ただし、地上でもエサの捕獲は可能であったとしても、水がなければ脱皮《だっぴ》できないので、干上《ひあ》がった期間中の成長は阻害《そがい》される。そのため、正常なサイクルで成長できないはずなのに、その年も含めて羽化《うか》時期の毎年5~6月にはちゃんと羽化《うか》してくるのである。まったくもって不思議なことである。

それでは、ハラビロトンボ以外の、湿地や一時的な水たまりなど干上《ひあ》がる危険の高い水辺に生息するヤゴの乾燥耐性はどうであろうか。秩父《ちちぶ》市内の一時的な水たまりで観察した結果を紹介しよう。

強いヤゴと弱いヤゴ

1988年の秋に、砂利山《じゃりやま》を崩《くず》して平らにならした窪地《くぼち》に、降雨によってできた幅3メートル、長さ7メートルほどの水たまりがあり、それを調べたところ、キイトトンボやハラビロトンボに混ざって多数のシオカラトンボとウスバキトンボのヤゴが発生していた。ところが、この水たまりは10月15日にすっかり干上《ひあ》がってしまった。そこで、1ヶ月後の11月15日から17日にかけて、生きているヤゴがいるかどうかを調べてみた。

砂利《じゃり》あとのため、泥《どろ》が少ないうえ、草もまばらにしか生えておらず、落ち葉もないような状態であった。わずかに生えた草の根もとや石の下を探したところ、合計52匹の生存幼虫と、3匹の死体を見つけることができた。その内訳は、キイトトンボの生存幼虫が24匹、ハラビロトンボは25匹、死亡幼虫2匹、シオカラトンボが生存3匹、死亡1匹であった。水のあったときにはおびただしい数が見られたシオカラトンボは、ごくわずかの生存幼虫しか発見できず、ウスバキトンボに至っては全く発見できなかったので、この2種類のヤゴは乾燥に弱いものと思われた。

乾燥下でも生きていたヤゴは、どの種類のヤゴも小石の下や、草の根もとなどに隠《かく》れるのに対し、ウスバキトンボにはそのような習性がない。そのうえ、ウスバキトンボのヤゴの皮膚には薄《うす》い毛も生えていないということが乾燥に耐えられない要因であろう。

クロスジギンヤンマも小さな水たまりを好むトンボである。このトンボが多数住んでいた水たまりが干上《ひあ》がっているのを知ったので、干上《ひあ》がった直後に調べたところ、大小さまざまな大きさのヤゴの死体が散乱していた。そこで丹念《たんねん》に拾い集めてその数を調べてみたところ、地面の上で死んでいたものが146匹で、まだ生きていたものは11匹、泥《どろ》の中にめり込むような状態で生存していたものはたったの2匹、石の陰で生きようとしていたものは1匹だけという状態であった。このときには多数のアリが一部のヤゴを攻撃しており、アリの攻撃に対してヤゴは時折《ときおり》腹部を激しく振って抵抗したが、たいした効果はないようであった。

また、アカトンボの1種であるコノシメトンボも乾燥に弱く、干上《ひあ》がるとすぐに死滅してしまった。

これまで観察したところでは、ショウジョウトンボ、ギンヤンマ、クロスジギンヤンマ、アカトンボ類など、ヤゴの体の表面に毛が無い種類や、皮膚が薄《うす》い種類は乾燥に弱いようであった。しかし、このような体のつくりもさることながら、干上《ひあ》がった場合、草の根もとや石の下などに潜《もぐ》って体の乾燥を防ごうとしたり、またアリや鳥などの攻撃を避ける術《すべ》をも身につけているか否かも、生死を分ける重要なポイントになっているようであった。

もう1歩、不思議な世界へ

ヤゴは、水中にうごめく見栄えのしない生き物である。華《はな》やかな成虫の生活とは対照的に目立たない暮らしぶりのためか、ヤゴの人気は今ひとつで、私の知る限り、ヤゴに関心を持って調べている人は全国でも10人といないだろう。成虫の人気と比べると全く気の毒な話である。

考えてみれば、トンボの一生から見ると、ヤゴでいる期間の方が成虫でいる時間よりもはるかに長い。トンボが南極や北極を除いた全世界で見られるのも、ヤゴが様々な水域で暮らす術《すべ》を身につけてくれたおかげである。それだけヤゴの暮らしは多様であるということだ。調べれば調べるほど、面白いこと、不思議なことが分かってくるに違いない。

最近、生物多様性の保全ということが人類の重要な課題であることが認識されてきた。とくに絶滅の恐れのある生物の保全に関心が高まっている。私は絶滅危惧《きぐ》生物を特別視するのは好きではないが、生物を絶滅させてはならないのは確かなことである。日本の場合、絶滅に瀕《ひん》している生物は植物も動物も水辺で生活している種類が多いようだが、ヤゴも水生生物の一員としてその保全は重要な課題である。先に、ヤゴの中には上流域から下流域へ流下《りゅうか》する種類があることを述べたが、こうした種類の保全には、支流を含めた上流域から中・下流域まで全体の環境を守ることが大切である。川の途中にダムや堰《せき》を作ったら、ヤゴは流下《りゅうか》できず大きなダメージを受けるかも知れない。今後は「魚道《ぎょどう》」のみならず水生昆虫の流下《りゅうか》を保証するための「虫道《ちゅうどう》」の設置も必要になるかも知れない。ヤゴの研究は、すなわち水生生物全体の保全にも役に立つことであろう。そのためには、もっともっとヤゴについて知り、またヤゴに関心を持つ多くの仲間が増えなければダメである。

ヤゴは見分け方が難しく、とくに小さな時期のヤゴは区別が困難だというマイナス面がある。しかし、成虫より観察に適した面もたくさんある。なんといってもヤゴは成虫と違って1年中見つかるし、天候にも左右されない。成虫を飼う難しさに比べればヤゴの飼育は容易だし、いろいろと面白い実験もできる。毎日忙しく働いている人間にはうってつけの研究材料である。

それに、何より楽しみなのは、その生活や生態がまだほとんど分かっていないという点である。自分の調べたことがすなわち新知見となる可能性が大きい。まだ知られていなかったことが自分の手で明らかにできる。それは知的好奇心や功名心をくすぐってくれるし、大きな励みにもなる。ヤゴ・ウオッチングは金のかからない知的な趣味だと思う。また、環境保全の指標生物として、大学生の研究テーマに、うってつけではないだろうか。

あふれるばかりのエネルギーを持つ学生諸君が、エネルギッシュにヤゴについて調べてくれたらどんなにうれしいことか。そうなればヤゴの世界の知見が大幅にアップすることは間違いない。

ところで、本書の冒頭で、イエス・ノー・クイズを出してみたが、ここで再録してみよう。今、この問題がすらすらと答えられるようになっていたとすれば、本書の目的の大半は達成できたことになるのだが……。

［形態に関する問題］

第1問：トンボには耳がある。

第2問：どんなトンボも、目の色は水色である。

第3問：トンボにはひげ（触角《しょっかく》）がない。
第4問：トンボの幼虫のヤゴにはえらがある。
第5問：シオカラトンボとムギワラトンボは別の種類である。
[分布に関する問題]
第1問：日本で見られるトンボは、約50種である。
第2問：日本で見られるトンボの中には、外国から海を渡って来るものがある。
第3問：日本には、世界で1番小さなトンボがいる。
第4問：外国には、海の中で暮らすヤゴがいる。
第5問：南極にもトンボが見られる。
[生態に関する問題]
第1問：トンボの幼虫は、水草を食べている。
第2問：ヤゴはエサを食べて大きくなるが、成虫になるといくらエサを食べても、それ以上は大きくならない。
第3問：トンボは水を飲まない。
第4問：日本に住むトンボの中には成虫で冬を越すものもいる。
第5問：トンボは全て水中に卵を産む。

結果はいかがだったろうか？

パート3◉30種類の見分け方

身近なトンボをマスターしよう

この章では、自分でトンボを見てみようと思い立った人に向けて、トンボの簡単な見分け方を伝授したいと思う。私がトンボを追いかけ始めた頃には、よい図鑑がなくずいぶんと苦労したものだが、最近は立派《りっぱ》な図鑑類がいくつか出版されている。ただし、あまり売れないのか、絶版になってしまって入手困難なものや高価なものが多いようである（現在のところお薦《すす》めの図鑑は、東海大学出版会発行の『日本産トンボ幼虫・成虫検索図説』である）。ただし、これらの図鑑を見ると、似たようなトンボがずらっと並んでいて圧倒されてしまう。

日本に生息している約２００種のトンボの全てを覚えるのが理想だが、これから専門的にトンボを調べようとする研究者ならともかく、楽しみのためにトンボの名前を知りたいと考える人にあっては、何も全種類を覚える必要はないだろう。私自身いまだに見たことがないトンボがたくさんあり、おそらく一生かかっても全種を発見するのは無理だと思っている。そんなわけで、ここでは初心者でも比較的見つけやすいと思われる、都市近郊で見られる30種類ほどのトンボを取り上げ、その見分け方を解説する。これらのトンボをしっかりマスターし、識別眼《しきべつがん》を養い、次のステップへと進んで欲しい。

ところで、身近に見られるトンボといっても、地域により差がある。北海道と沖縄では大きな違いがあることはもちろんのこと、関西と関東でもいくらか異なっている。そこで、ここでは関東の都市周辺で比較的よく見かけるトンボを取り上げることにする。図と照らし合わせて理解していただきたい。

例外を承知の上で

トンボに限らず生物は、同じ種類であっても生息場所や個体によって少しずつ形態が異なっている。このため、生息環境や個体によって変化しにくい特徴が、すなわち識別《しきべつ》のポイントになる。

トンボの場合、オスでは尾部付属器《びぶふぞくき》の形、メスでは産卵管《さんらんかん》（産卵弁《さんらんべん》）の形などがそのポイントである。しかしそれらの形をよく見るためには、虫眼鏡や顕微鏡が必要であり、その微妙な差を見極《みきわ》めなければならず、初心者向きとはいえないだろう。そこで、ここでは、体の色や斑紋《はんもん》によって絵合わせ式に調べる方法を述べることにする。その場合に承知しておいてもらいたいことは、トンボは死んでしまうと色が変わってしまうという点と、斑紋《はんもん》は個体差や例外があるため、必ずしも正確な識別点《しきべつてん》とはならないということである。とはいえ、例外的な個体に出くわす確率というのは、そんなに高くないと思うので、現実にはそんなに問題になることはないだろう。

また、すでに述べたように、トンボの場合、同じ種類であってもオスとメスで色や模様が違ったり、成熟したものと未成熟なものとで色が違うものなどもある。ビギナーにとっては体色が違うと別種のように見えてしまうだろうが、惑わされないようにして欲しい。

オチンチンのあるのがオス

先ず、トンボのオスとメスの見分け方をしっかり覚えておこう。トンボも我々と同様、〝オチンチン〟（正確に言うと副性器《ふくせいき》）があるのがオス、ないのがメスである。

オスのオチンチンは、しっぽ(腹部)の付け根にあり、横から見るとその部分が突起状になっている。イトトンボやサナエトンボは突起が分かりやすいが、ヤンマの中には分かりにくいものがある。その場合は、おなかをひっくり返して見ると、その部分にくぼみがあったり、なにやら複雑な構造になっているのが分かるはずだ。何かあればオス、何もなければメスで、この方法で全種類のトンボのオスとメスの区別ができる。

また、ヤンマやイトトンボ、カワトンボの仲間などでは、メスのしっぽの先に発達した産卵管《さんらんかん》があるので、すぐにメスだと分かる。

いずれにしろ、昆虫の中には、オスとメスが分かりにくいものがいるが、トンボはその点、区別が容易であるのでありがたい。

なお、水辺で見かけるトンボは、たいてい成熟したオスなので、先ず成熟オスの特徴をよく覚えておくことが実用的である。

図22：オスとメスの見分け方

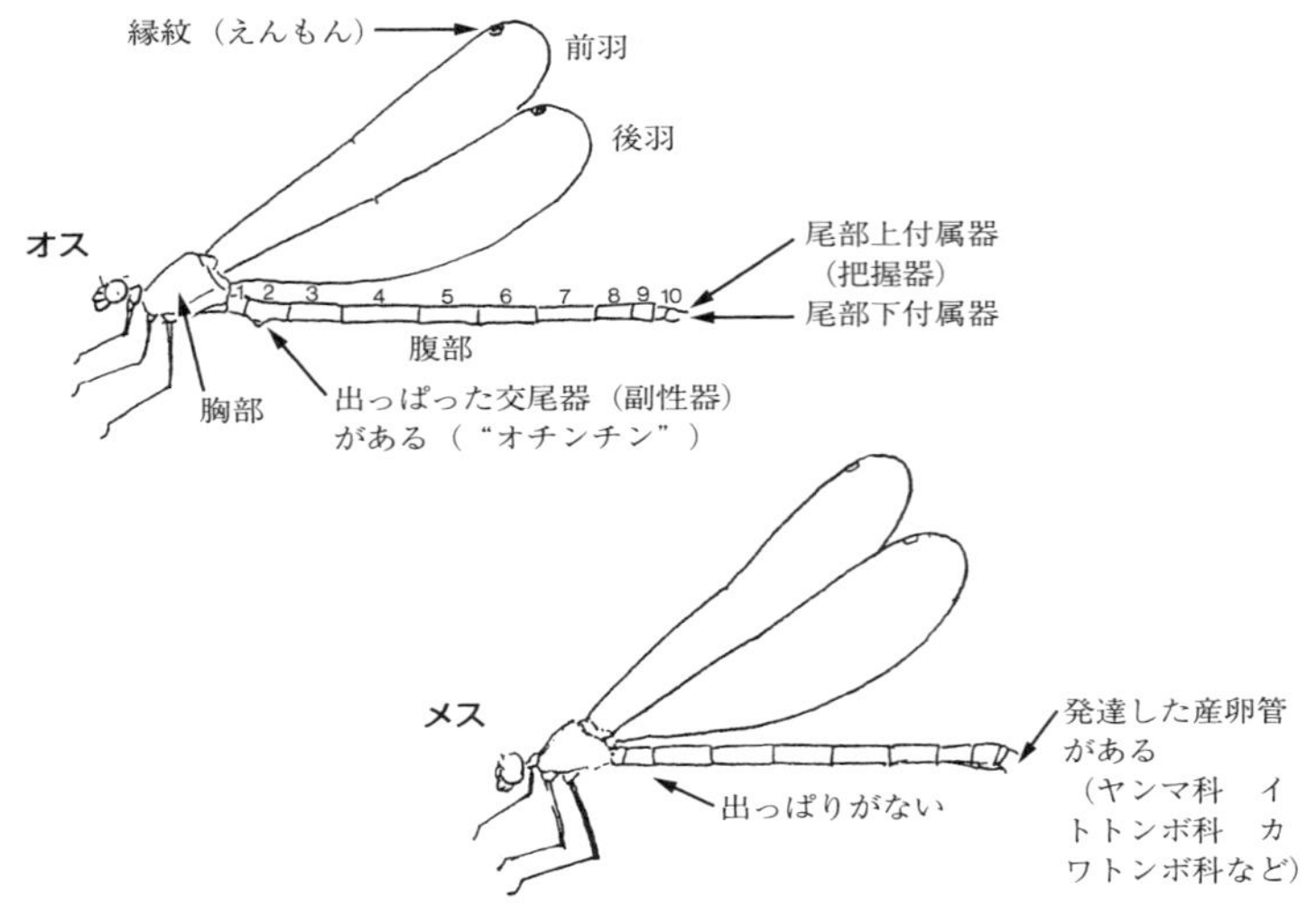
縁紋（えんもん）
前羽
後羽
オス
尾部上付属器
（把握器）
尾部下付属器
1 2 3 4 5 6 7 8 9 10
腹部
胸部
出っぱった交尾器（副性器）
がある（“オチンチン”）
メス
発達した産卵管
がある
（ヤンマ科　イ
トトンボ科　カ
ワトンボ科など）
出っぱりがない

3つのグループ（図23）

トンボ図鑑を開くと、同じようなトンボが羅列されていて迷ってしまうが、ふつう、それらはグループごとにまとめられていることが多い。オスとメスの区別点をマスターしたら、次はグループの特徴を覚えよう。

すべてのトンボ（トンボ目《もく》）は、「均翅亜目《きんしあもく》」、「不均翅亜目《ふきんしあもく》」、「ムカシトンボ亜目《あもく》」という3つの大きなグループに分けられている。それは、体つきと羽で見分けがつく。

「均翅亜目《きんしあもく》」のトンボは、体が折れそうに細く、弱々しい感じを受け、羽を見ると前羽と後羽の大きさが同じという特徴を持っている。

このうち、羽の付け根の部分がくびれて、細く柄《え》のように体に付いていれば、イトトンボ科、モノサシトンボ科、アオイトトンボ科。羽がくびれず体に付いていればカワトンボ科である。

「不均翅亜目《ふきんしあもく》」のトンボは、頑丈《がんじょう》な体つきをしていて、前羽より後羽の方が幅広くなっている。このグループは、ムカシヤンマ科（図では省略）、ヤンマ科、オニヤンマ科、サナエトンボ科、エゾトンボ科、トンボ科に分けられており、これらの科の区別は、それぞれ複眼《ふくがん》の位置を見ることである程度つけられる。

右の目と左の目が離れていれば、サナエトンボ科かムカシヤンマ科。左右の目が1点でつながっていればオニヤンマ科（本州にはいないミナミヤンマは目が離れているが）、左右の目がべったりとくっついていれば、それ以外の科である。

「ムカシトンボ亜目《あもく》」の特徴は、体つきは頑丈《がんじょう》だが、羽は前後同じ大きさをしていて、均翅亜目《きんしあもく》と不均翅亜目《ふきんしあもく》の中間的な形をしている。地球上を恐竜が闊歩《かっぽ》していた時代に栄えたグループだといわれ、多くの種類が化石で見つかっている。しかし、現存するのは日本特産のムカシトンボとヒマラヤ山中に生息するヒマラヤムカシトンボのたった2種類で、「生きた化石」と呼ばれている。

　このようにして大雑把《おおざっぱ》に科の分類ができたら、次に種類を見分けてみることにしよう。

ヤンマ科（図24）

関東地方にはヤンマ科に属するトンボが17種類分布しているが、そのうち、比較的よく見つかるのはギンヤンマとクロスジギンヤンマくらいなものであろう。

①ギンヤンマ

おなじみの有名なヤンマである。池の上をゆっくりお回《まわ》りしているオスの姿をよく見かける。また、おつながりになって産卵《さんらん》していることがあるが、ヤンマの仲間でおつながりで産卵《さんらん》するのはギンヤンマだけである。

　黄緑色の胸に茶色いしっぽをしている頑丈《がんじょう》なヤンマである。しっぽの付け根の下あたりに白色の部分があるが、これを銀色にみなしてギンヤンマと名づけたらしい。成熟したメスの中には羽が茶色くなった個体がおり、私の子供の頃には珍重《ちんちょう》したものである。

②クロスジギンヤンマ

ちょっとギンヤンマに似ているが、胸に太い黒い線があることや、オスのしっぽに青い斑紋《はんもん》があること、脚《あし》全体が黒いことなどでギンヤンマと簡単に区別できる。ギンヤンマは明るい大きな池を好むが、このクロスジギンヤンマは薄暗《うすぐら》い池を好む傾向があり、飛び方もせわしない感じを受ける。5〜7月に限って現れる。

オニヤンマ科（図25）

関東地方に分布しているオニヤンマ科のトンボはオニヤンマのみである。オニヤンマは郊外へ出かければよくお目にかかることができる。

③オニヤンマ

日本最大のトンボ。黒地に黄色いしま模様がある。左右の目が1点で接しており、メスには鋭い産卵《さんらん》管《かん》があるので他の種類と区別できる。オスは林道や谷川に沿って直線的に行ったり来たりして飛ぶことが多い。

エゾトンボ科（図26）

この科に属するトンボは緑色の光沢を持つ。関東地方には10種類記録されているが、次の3種以外はめったにお目にかかることができない。

④オオヤマトンボ

一見オニヤンマに似た大型のトンボで、大きな池や湖に生息する。岸辺に沿って直線的に飛ぶ習性があり6〜9月に現れる。胸が緑色に光っているのでオニヤンマと区別できる。

⑤コヤマトンボ

オオヤマトンボをひと回り小さくしたようなトンボで、こちらは池でなく川に生息している。水面を直線的に飛ぶ習性があり5〜7月に現れる。顔に1本の黄色いしま模様があることでオオヤマトンボと区別できる（オオヤマトンボは2本）。

⑥タカネトンボ

薄暗《うすぐら》い池や水たまりに生息するシオカラトンボくらいの大きさのスマートなトンボである。体全体が緑色に光っているのが特徴で、エゾトンボというよく似たトンボがいるが、タカネトンボの場合は、胸の側面に黄色い斑紋《はんもん》がないことで区別できる。

トンボ科

このグループには、シオカラトンボやアカトンボの仲間など、ポピュラーなトンボが含まれる。オスとメスとで体色が違う種類が多く、まぎらわしい（羽化《うか》したときはオスもメスも同じ色をしていて、成熟するとオスの色が変わるものが多い）。

［シオカラトンボの仲間］（図27）

関東地方に見られるシオカラトンボの仲間はシオカラトンボ、シオヤトンボ、オオシオカラトンボの3種類である。いずれも、メスと若いオスは黄色の地に黒い斑紋《はんもん》を持つが、オスは成熟するにつれて白粉《はくふん》が現れる。

⑦シオカラトンボ

4～10月まで見られるおなじみのトンボ。縁紋《えんもん》が黒いことや尾部付属器《びぶふぞくき》が白っぽいことで区別できる。メスの俗称《ぞくしょう》はムギワラトンボ。

⑧シオヤトンボ

シオカラトンボよりひと回り小さいずんぐりしたトンボで、春に限って現れる（4～6月）。縁紋《えんもん》が明るい茶色をしていること、羽の付け根が黄色味をおびていることで区別できる。

⑨オオシオカラトンボ

シオカラトンボよりがっちりした感じがするトンボで、羽の付け根が黒いこと、オスの白粉《はくふん》は青味が強いことで区別できる。

⑩コフキトンボ

若いときは黄色地に黒い斑紋《はんもん》があるが、成熟するとオスもメスも全体が白粉《はくふん》でおおわれ、シオカラトンボのように見える。しかし、シオカラトンボより小さく、華奢《きやしゃ》な感じで、羽に真珠色の光沢があるのが特徴。縁紋《えんもん》は黒である。たまに「オビトンボ型」といって全体が黄色っぽく、羽にしま模様のあるタイプが見られる。

⑪ショウジョウトンボ

若いときはオレンジ色だがオスは成熟すると全身が真っ赤になる。真夏の池を飛び回っている真っ赤なトンボを見たらショウジョウトンボと思ってほぼ間違いない。胸に斑紋《はんもん》がないこと、脚《あし》が黒くないことなどで他と区別できる。

⑫チョウトンボ

チョウのようにヒラヒラ飛ぶことからその名がつけられた。最近はめっきり減ってしまいあまり見かけなくなってしまった。羽全体が黒光りするトンボで、他に似たトンボがいないのですぐ区別がつく。

⑬コシアキトンボ

俗《ぞく》にローソクトンボと呼ばれる。全身が黒いが、腹部の付け根に白か黄色の大きな斑紋《はんもん》があるのが特徴。

⑭ウスバキトンボ

全身がオレンジ色をしたトンボで、体のわりに目と羽が大きい。胸に目立った斑紋《はんもん》がないこと、縁紋《えんもん》はオレンジ色、腹部が太くずんどうなことなどで区別できる。真夏に空き地の一定空間を群れて飛びまわっているオレンジ色のトンボを見たらこのトンボだと思ってほぼ間違いない。ただし、いわゆるアカトンボの仲間ではない。

【アカトンボの仲間】（図28）

アカトンボの仲間は、どれも、しっぽが細くスマートなトンボである。メスと若いオスはオレンジ色をしていて、オスは成熟すると赤味を増す種類が多いが、例外もある。羽の斑紋《はんもん》の有無《うむ》、顔の斑点《はんてん》の有無《うむ》、胸の側面の黒い斑紋《はんもん》の形などが区別のポイントとなる。

⑮アキアカネ

羽に目立った模様はなく、顔には黒い斑点《はんてん》がない。胸の側面中央の黒い線の先端が尖《とが》っているのが特徴。オスは成熟すると赤くなるが、胸までは赤くならない。

⑯ナツアカネ

アキアカネとよく似ているが、胸の側面中央の黒い線の先は尖《とが》らず平らになっていることで区別できる。オスは、成熟するとアキアカネと違って胸も赤くなる。

⑰ノシメトンボ

羽の先端がこげ茶色になっているアカトンボ。このような羽を持つトンボは他にマユタテアカネの一部のメス、コノシメトンボ、リスアカネがいる。

ノシメトンボは、オスは成熟しても赤くならず、胸の側面中央の黒い線が完全に上端まで届くのが特徴。一方、リスアカネは、中央の黒い線の先端が上端に届かないか、わずかに届く程度、コノシメトンボは前後の黒い線がつながっている。また、マユタテアカネとは胸の黒い線がごく細いことで区別できる。

成熟したオスの場合、ノシメトンボは赤くならないのに対し、リスアカネとマユタテアカネは腹部のみが赤く、コノシメトンボは全身が赤くなる。

⑱マユタテアカネ

小さなアカトンボで、メスには、羽の先端がこげ茶色のタイプと、そうでないタイプとがある。オスは成熟すると全身が真っ赤になる。顔に大きな黒い斑点《はんてん》があり、胸の側面には細く黒い線がある。ヒメアカネとマイコアカネというよく似たトンボがいてまぎらわしいが、胸の線や顔の斑点《はんてん》などでほぼ見分けがつく。

⑲ミヤマアカネ

羽にしま状の模様があるので、他のアカトンボと簡単に区別できる。コフキトンボの「オビトンボ型」も似たような羽の模様をしているが、ミヤマアカネは胸の側面に斑紋《はんもん》がないので区別できる。

サナエトンボ科（図29）

サナエトンボ科のトンボは、オスもメスも、黄色地に黒い斑紋《はんもん》を持つスマートなボディをしている。関東地方には17種類記録されているが、いずれも敏捷《びんしょう》なので、初心者がお目にかかるチャンスは少ないだろう。その中で比較的よく目立つのがコオニヤンマとウチワヤンマである。ともに大型なのでヤンマ科と間違えやすいが、左右の目が離れているのでサナエトンボ科だと分かる。

⑳コオニヤンマ

盛夏の頃、河原で見られる大型のサナエトンボである。体のわりに頭が小さく、後脚が長いのが特徴。いったん飛び立ってもすぐに石の上にぺたんと止まる。

㉑ウチワヤンマ

盛夏の頃、湖や大きな池でよく見かける大型のサナエトンボ。竹ざおや杭《くい》の先端に止まっていることが多い。しっぽの先がウチワのように張り出しているのが特徴。俗《ぞく》に「おくるま」と呼ぶ。

カワトンボ科（図30）

この仲間は、イトトンボを大型にしたような細いトンボで、ちょっと郊外へ出かけると次の3種類を見ることができるだろう。

㉒カワトンボ

関東以北で見られるのは、ヒガシカワトンボと呼ばれている。春（5〜6月）に発生し、小川や谷川付近で見ることができる。メスの羽は無色透明だが、オスには羽がオレンジ色をしたものと、無色透明なものとがある。成熟したオスは白粉《はくふん》が発生することで他のカワトンボ科の種類と区別できる。

㉓ミヤマカワトンボ

大きさが7センチくらいある大型のトンボで、羽の色が茶色をしているのが特徴。春から初夏に谷川で見られる。

㉔ハグロトンボ

夏から秋に用水路や川で見かけるおなじみのトンボだが、最近はめっきり減ってしまった。羽が黒いことで区別できる。よく似たトンボにアオハダトンボがいるが、こちらはめったに見られない。オスのしっぽの先端の腹側が白いこと、メスの縁紋《えんもん》が白いことでハグロトンボと見分けがつく。

イトトンボ科（図31）

イトトンボ科のトンボは、小さいうえにオスとメスで体色が違うものが多いなど、区別がやっかいなグループである。

㉕アジアイトトンボ

春から晩秋まで見られる最も普通のイトトンボである。オスとメスで体色が異なる。オスは黄緑色の胸をしており、しっぽの先端が青い。メスは、はじめは赤味の強いオレンジ色だが、成熟するにつれて汚れた黄緑色に変化する。よく似たトンボにアオモンイトトンボがいるが、オスの場合は、アジアイトトンボでは9節が青いのに対し、アオモンイトトンボは8節が青いことで区別できる。メスの場合には、アジアイトトンボはしっぽの背側にある黒い線が2節の先端から始まっているのに対し、アオモンイトトンボは2節の途中から始まっている。

㉖キイトトンボ

胸に斑紋《はんもん》がなく、全身が黄色いイトトンボなので区別は簡単である。メスは成熟すると胸が緑色をおびてくる。

㉗クロイトトンボ

成熟したオスの胸は青い粉でおおわれるのが特徴で、しっぽは黒く、先端のみが青色をしている。オス、メスともに、目の後方にある眼後紋《がんこうもん》と呼ばれる斑紋《はんもん》が小さく、胸の側面の線がごく細かいことなどで区別できる。水面すれすれを飛ぶことが多い。

㉘オオイトトンボ

オスは、全身がブルーに見える美しいイトトンボで、水面すれすれをせわしなく飛ぶ。よく似たトンボにセスジイトトンボとムスジイトトンボがいて、まぎらわしいが、頭部の斑紋《はんもん》で区別する。

モノサシトンボ科（図32）

このグループは大型のイトトンボで、関東地方には3種類いるが、モノサシトンボ以外は見つからないだろう。

㉙モノサシトンボ

黄色と黒の斑紋《はんもん》があり（若い個体は赤味をおびている）、オスは成熟すると青味をおびる。中脚と後脚が白く少し広がっており、頭の模様がくさび形をしているのが特徴。

アオイトトンボ科（図33）

㉚オオアオイトトンボ

オスもメスも全身が緑色に光る大型のイトトンボ。羽を半開きにして止まり、秋に薄暗《うすぐら》い池でよく見かける。よく似たトンボにアオイトトンボがいるが、こちらは成熟すると全身に青白い粉が吹くので区別できる。粉が吹かない若い個体は、胸の緑色の斑紋《はんもん》の位置で見分ける。

㉛オツネントンボ

オスもメスも全身が茶色い色をした地味なイトトンボ。羽を畳《たた》んだとき、前羽と後羽の縁紋《えんもん》がズレるのが特徴。

㉜ホソミオツネントンボ

オスもメスも未熟なうちは全身が茶色をしていて目立たないが、成熟すると美しいブルーに変身する。未成熟個体はオツネントンボと似ているが、羽を畳《たた》んだときに縁紋《えんもん》がズレないで重なることで区別できる。

図23：３つのグループ

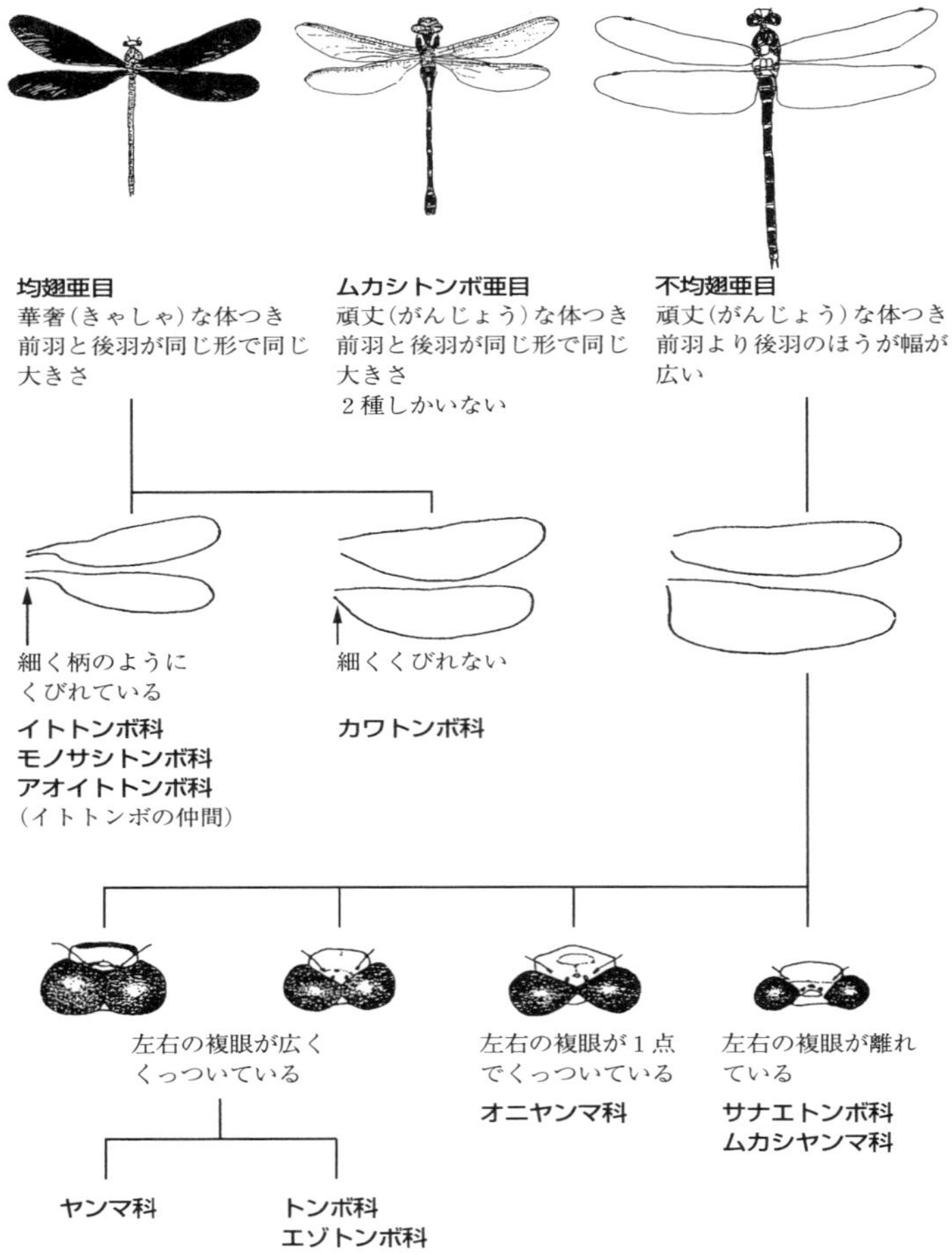
均翅亜目
華奢(きゃしゃ)な体つき
前羽と後羽が同じ形で同じ大きさ
ムカシトンボ亜目
頑丈(がんじょう)な体つき
前羽と後羽が同じ形で同じ大きさ
２種しかいない
不均翅亜目
頑丈(がんじょう)な体つき
前羽より後羽のほうが幅が広い
細く柄のようにくびれている
イトトンボ科
モノサシトンボ科
アオイトトンボ科
(イトトンボの仲間)
細くくびれない
カワトンボ科
左右の複眼が広くくっついている
ヤンマ科
トンボ科
エゾトンボ科
左右の複眼が１点でくっついている
オニヤンマ科
左右の複眼が離れている
サナエトンボ科
ムカシヤンマ科

図24：ヤンマ科

後羽の幅が広く，複眼が広くくっついている

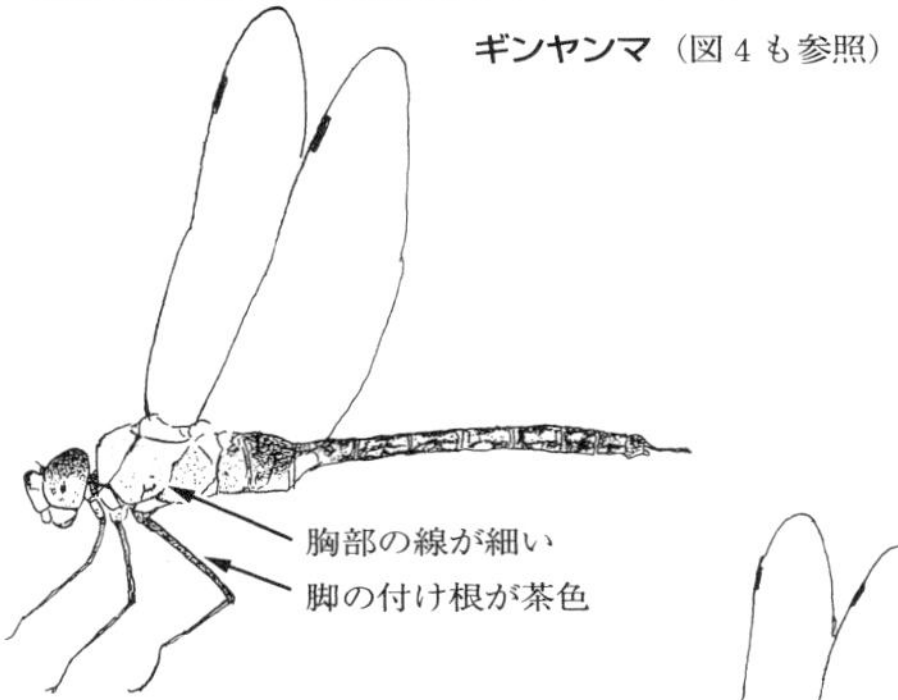
ギンヤンマ（図4も参照）
胸部の線が細い
脚の付け根が茶色

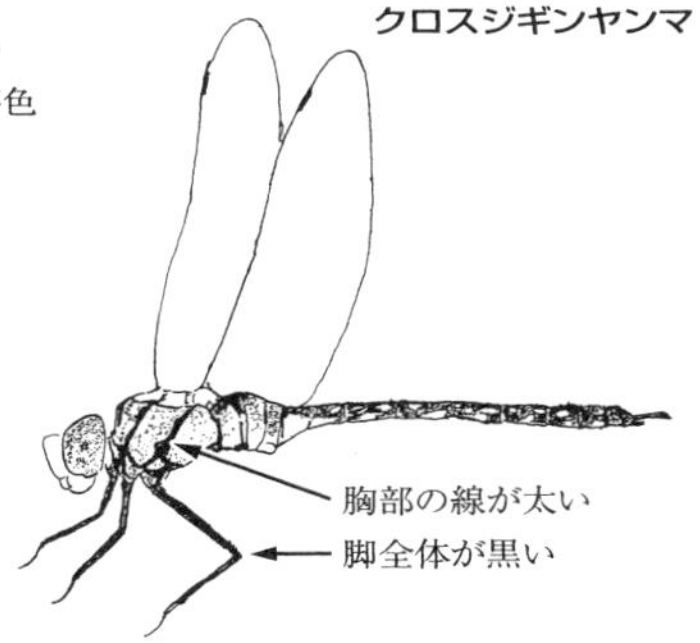
クロスジギンヤンマ
胸部の線が太い
脚全体が黒い

図25：オニヤンマ科

後羽の幅が広く，複眼が1点でくっついている

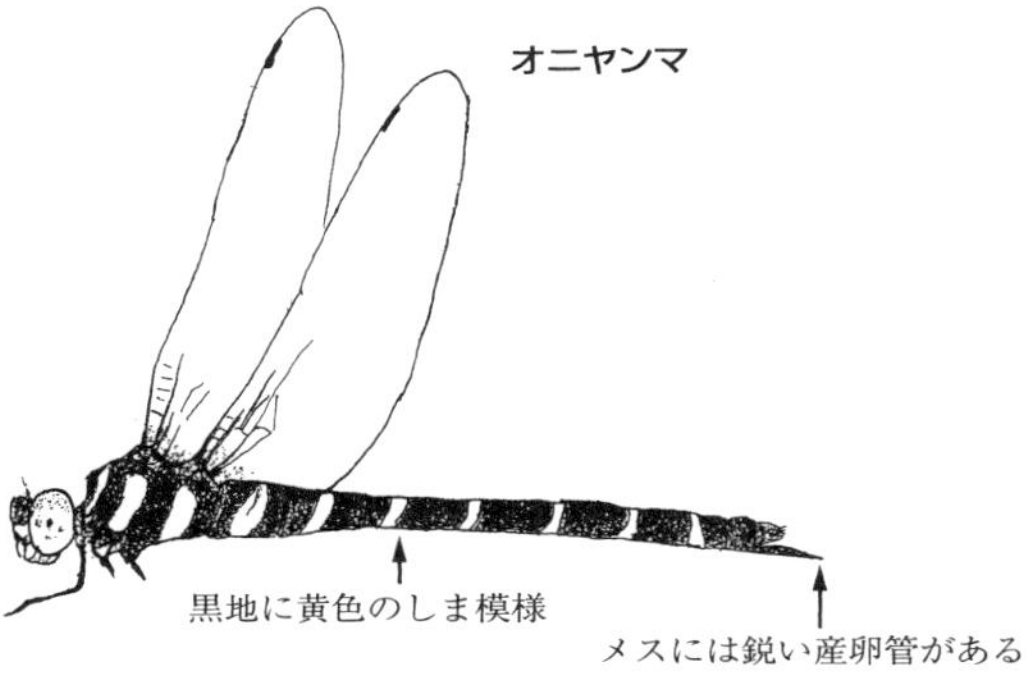
オニヤンマ
黒地に黄色のしま模様
メスには鋭い産卵管がある

図26：エゾトンボ科
後羽の幅が広く，複眼が広くくっついている

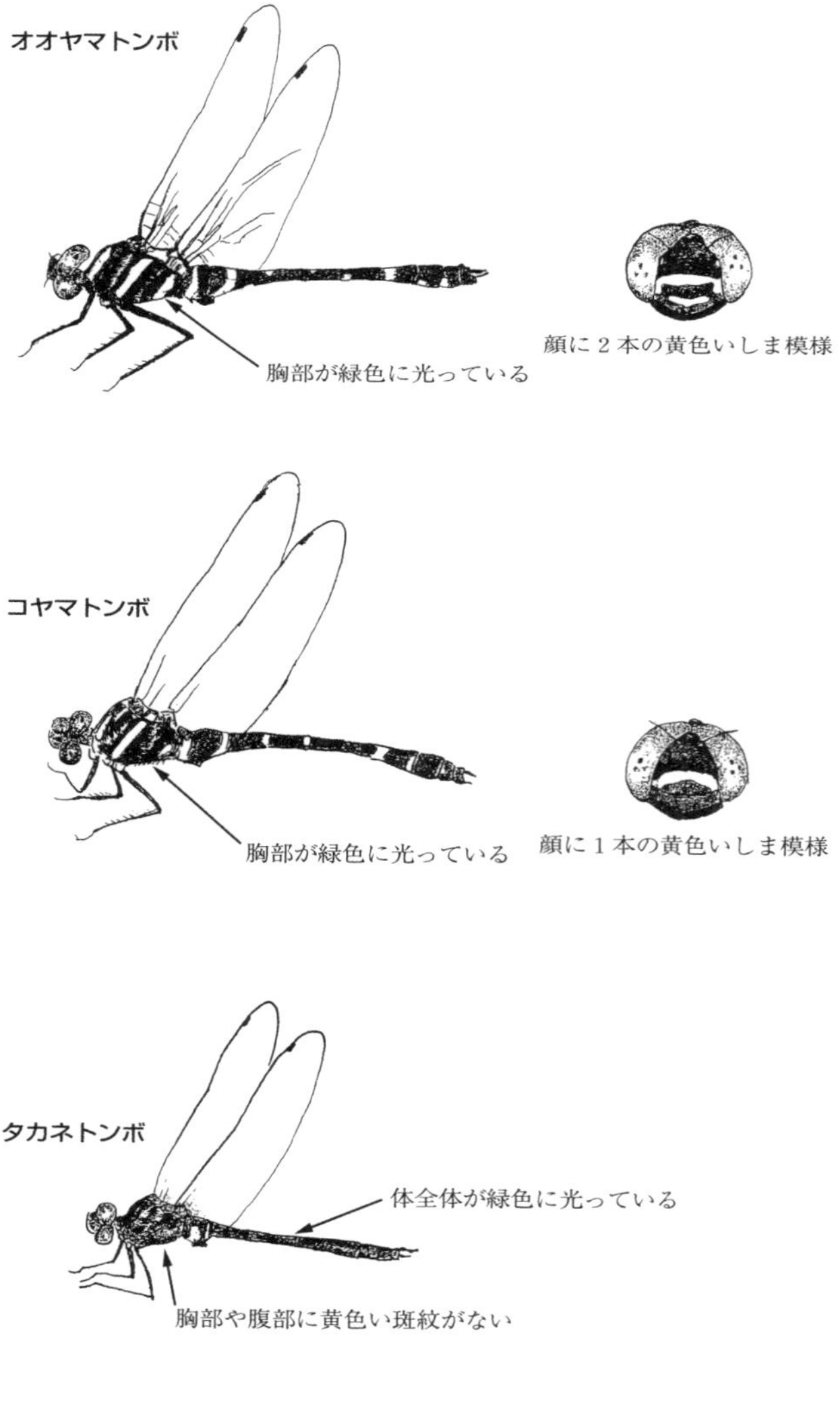
オオヤマトンボ
胸部が緑色に光っている
顔に２本の黄色いしま模様
コヤマトンボ
胸部が緑色に光っている
顔に１本の黄色いしま模様
タカネトンボ
体全体が緑色に光っている
胸部や腹部に黄色い斑紋がない

図27：トンボ科［シオカラトンボの仲間］

後羽の幅が広く，複眼が広くくっついている

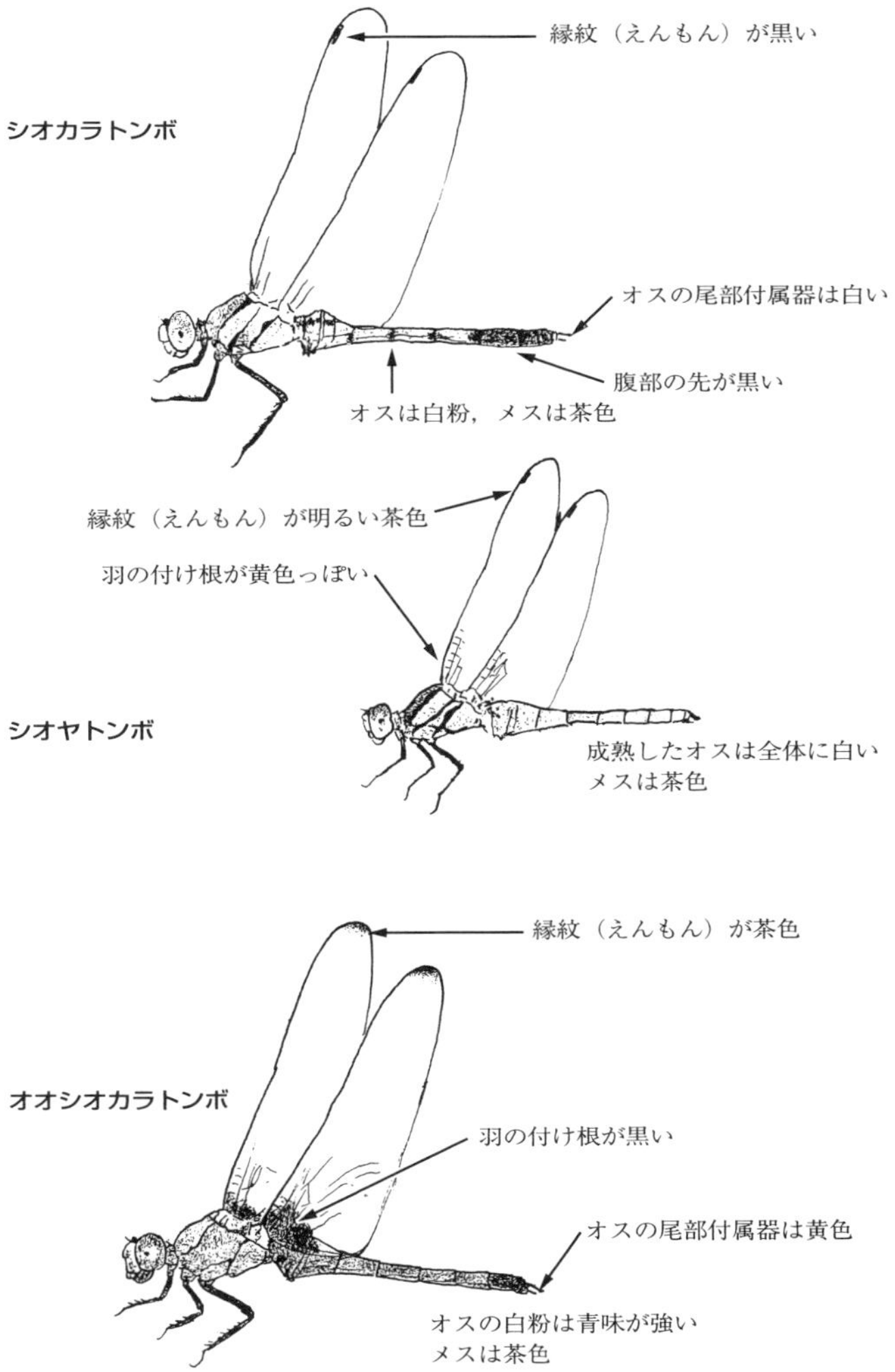
縁紋（えんもん）が黒い
シオカラトンボ
オスの尾部付属器は白い
腹部の先が黒い
オスは白粉，メスは茶色
縁紋（えんもん）が明るい茶色
羽の付け根が黄色っぽい
シオヤトンボ
成熟したオスは全体に白い
メスは茶色
縁紋（えんもん）が茶色
オオシオカラトンボ
羽の付け根が黒い
オスの尾部付属器は黄色
オスの白粉は青味が強い
メスは茶色

図27：トンボ科

後羽の幅が広く，複眼が広くくっついている

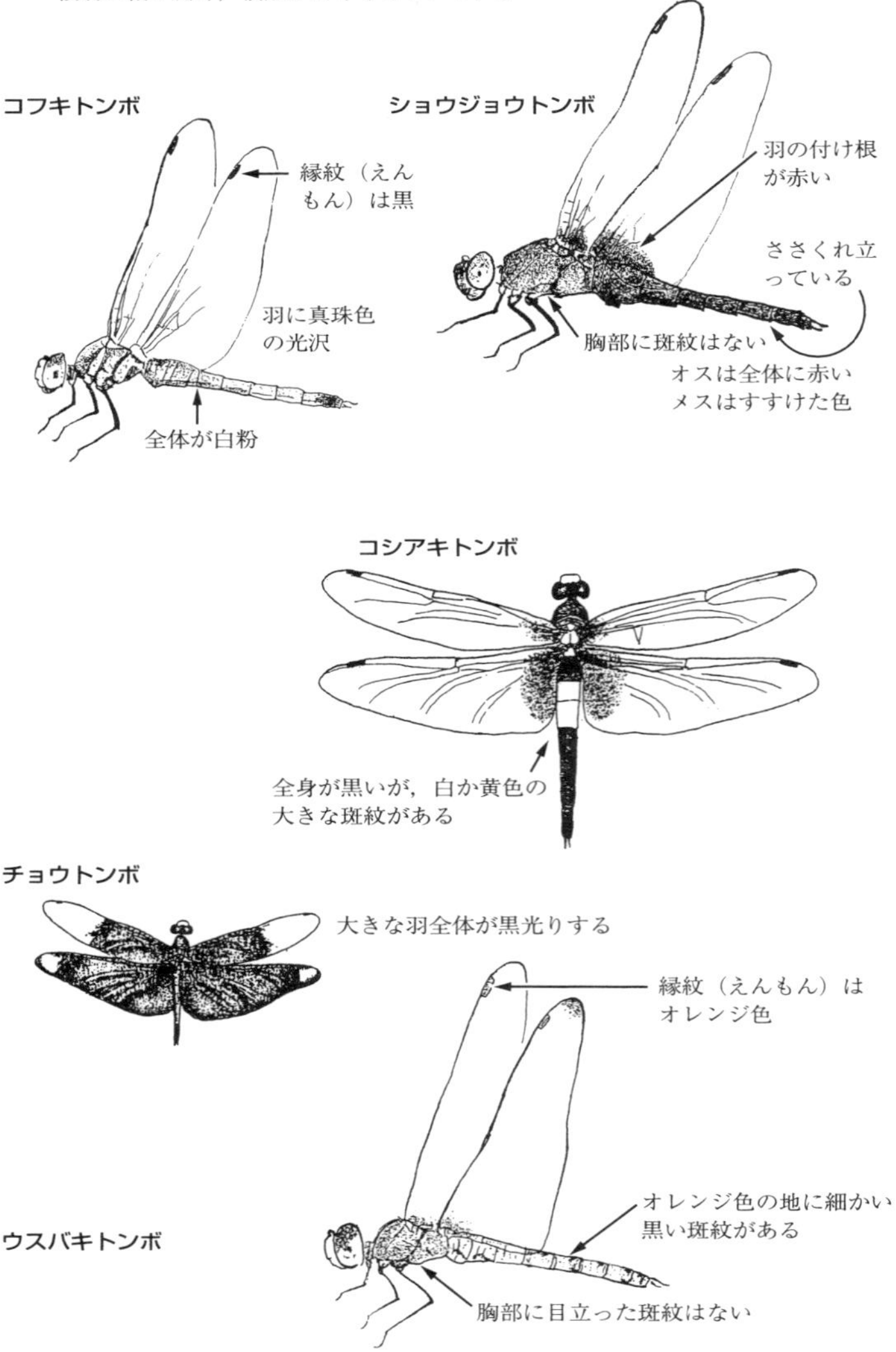
コフキトンボ
縁紋（えんもん）は黒
羽に真珠色の光沢
全体が白粉
ショウジョウトンボ
羽の付け根が赤い
ささくれ立っている
胸部に斑紋はない
オスは全体に赤い
メスはすすけた色
コシアキトンボ
全身が黒いが，白か黄色の大きな斑紋がある
チョウトンボ
大きな羽全体が黒光りする
縁紋（えんもん）はオレンジ色
オレンジ色の地に細かい黒い斑紋がある
ウスバキトンボ
胸部に目立った斑紋はない

図28：トンボ科［アカトンボの仲間①羽に斑紋（はんもん）のないアカトンボ］

後羽の幅が広く，複眼が広くくっついている

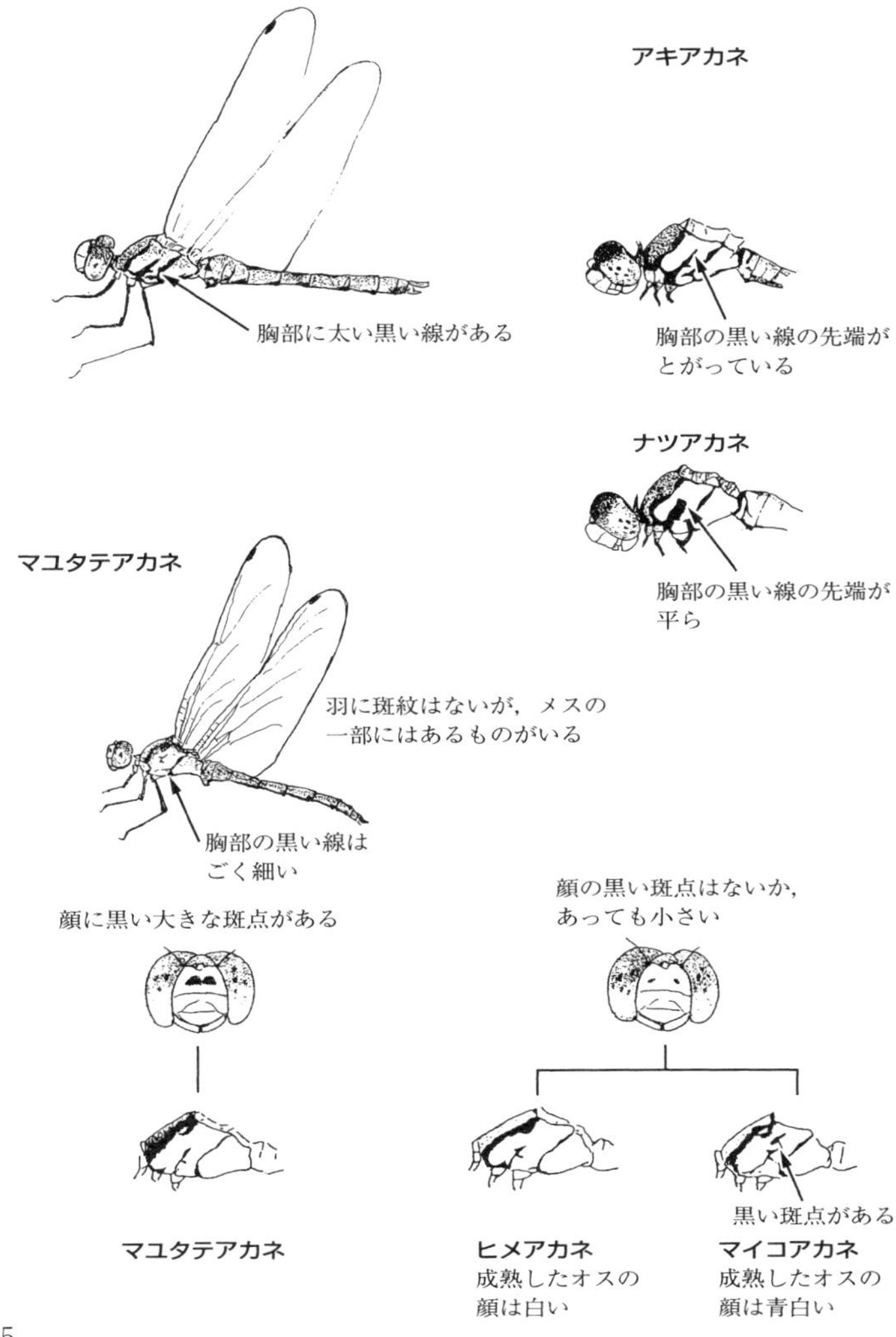

アキアカネ
胸部に太い黒い線がある
胸部の黒い線の先端がとがっている
ナツアカネ
胸部の黒い線の先端が平ら
マユタテアカネ
羽に斑紋はないが，メスの一部にはあるものがいる
胸部の黒い線はごく細い
顔に黒い大きな斑点がある
顔の黒い斑点はないか，あっても小さい
黒い斑点がある
マユタテアカネ
ヒメアカネ
成熟したオスの顔は白い
マイコアカネ
成熟したオスの顔は青白い

図28：トンボ科［アカトンボの仲間②羽に斑紋（はんもん）のあるアカトンボ］

後羽の幅が広く，複眼が広くくっついている

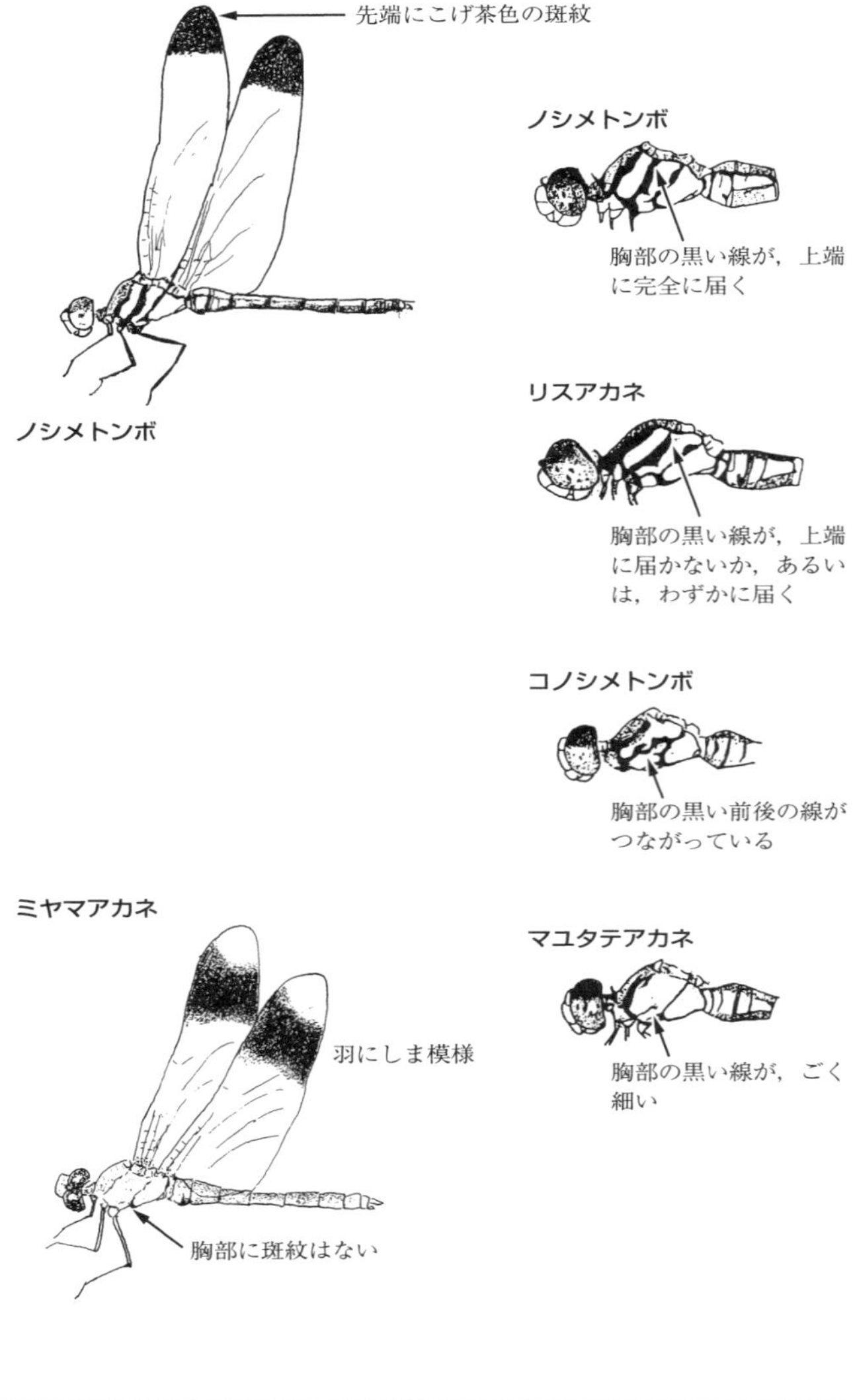
先端にこげ茶色の斑紋
ノシメトンボ
ノシメトンボ
胸部の黒い線が，上端に完全に届く
リスアカネ
胸部の黒い線が，上端に届かないか，あるいは，わずかに届く
コノシメトンボ
胸部の黒い前後の線がつながっている
ミヤマアカネ
羽にしま模様
胸部に斑紋はない
マユタテアカネ
胸部の黒い線が，ごく細い

図29：サナエトンボ科

後羽の幅が広く，左右の複眼が離れている

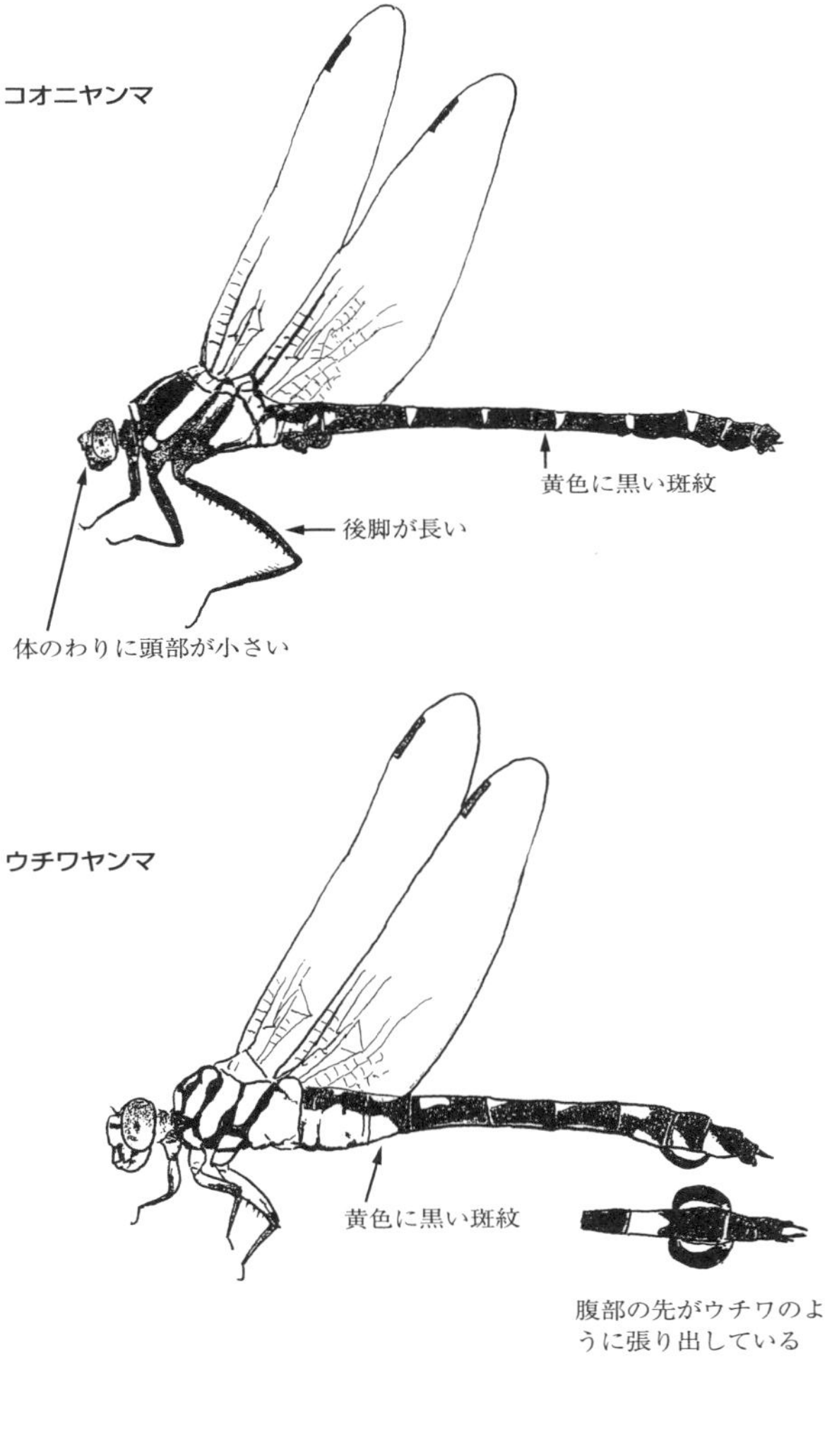
コオニヤンマ
黄色に黒い斑紋
後脚が長い
体のわりに頭部が小さい
ウチワヤンマ
黄色に黒い斑紋
腹部の先がウチワのように張り出している

図30：カワトンボ科

前羽と後羽が同じ形で同じ大きさ
羽の付け根がくびれていない

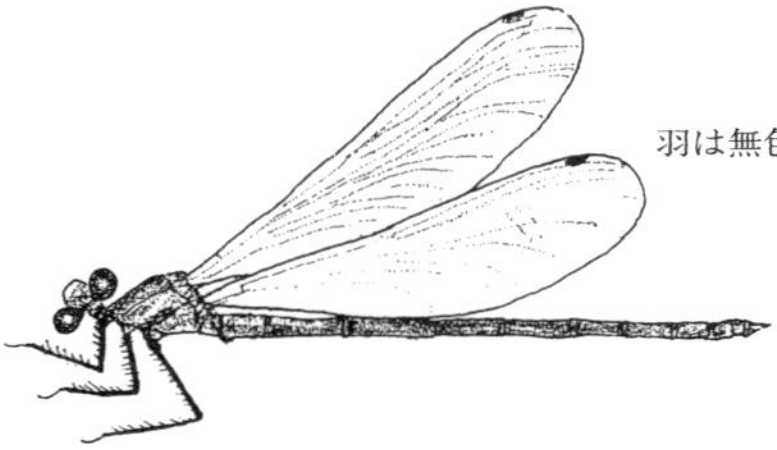

羽は無色透明かオレンジ色

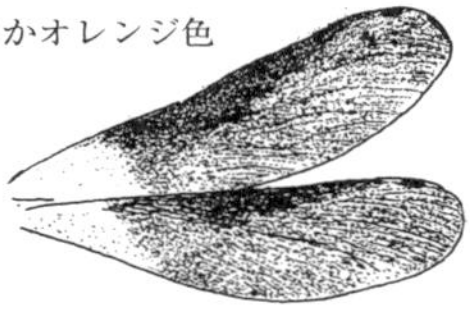

カワトンボ
（ヒガシカワトンボ）

羽は茶色

ミヤマカワトンボ

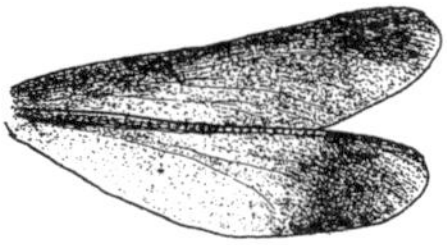

ハグロトンボ

羽は黒色
白い縁紋（えんもん）はない

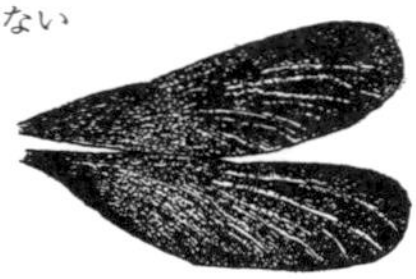

先端の腹側が
白くない

アオハダトンボ

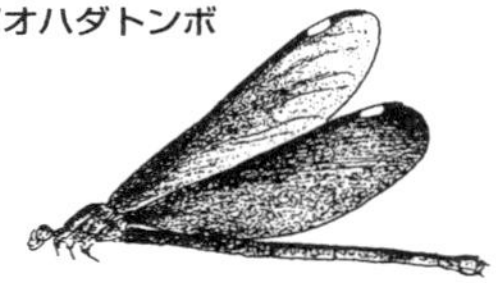

オスは腹部の先端の裏側が白
メスには白い縁紋（えんもん）がある

図31：イトトンボ科①

前羽と後羽が同じ形で同じ大きさ
羽の付け根が柄のようにくびれている

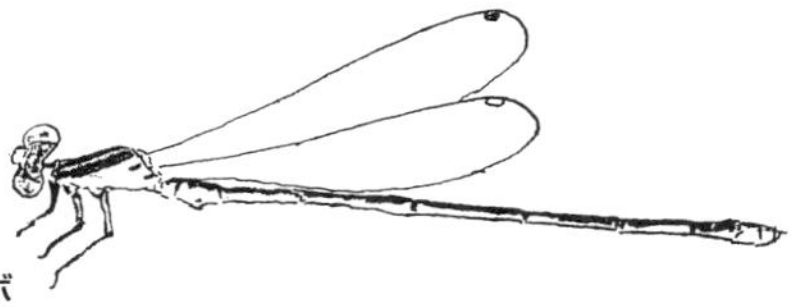

アジアイトトンボ

（オス） **（メス）**

7
8
9
10
9 節全体が青い
1
2
3
2 節のはじめから黒い

アオモンイトトンボ

7
8
9
10
8 節全体が青い
1
2
3
2 節の途中から黒い

キイトトンボ

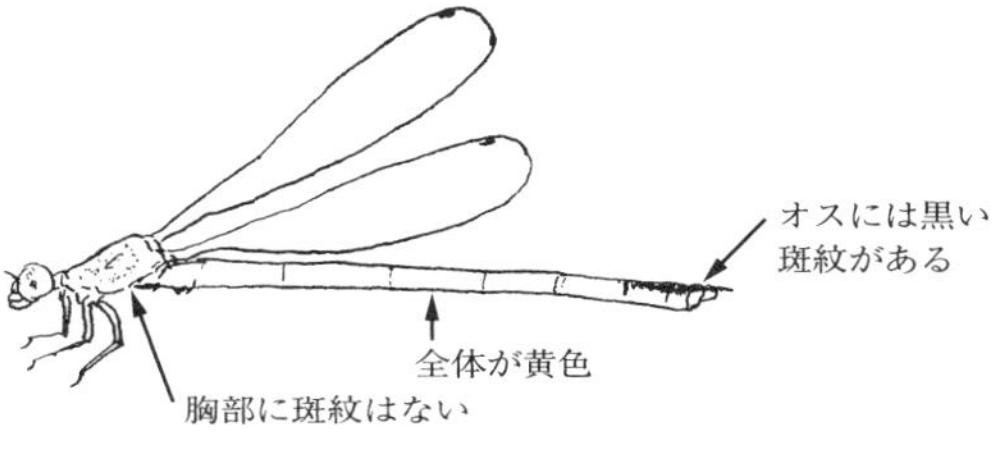
オスには黒い
斑紋がある
全体が黄色
胸部に斑紋はない

図31：イトトンボ科②

前羽と後羽が同じ形で同じ大きさ
羽の付け根が細く柄のようにくびれている

クロイトトンボ

黒っぽい
青い

（オス） 成熟したオスは青白い粉をふく

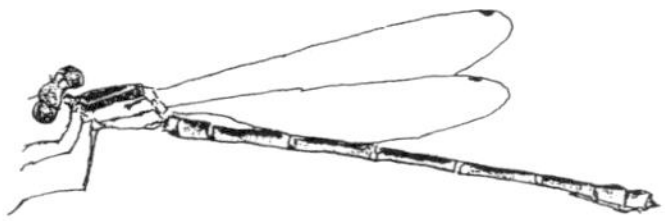

（メス） 全体に黒っぽい

オオイトトンボ

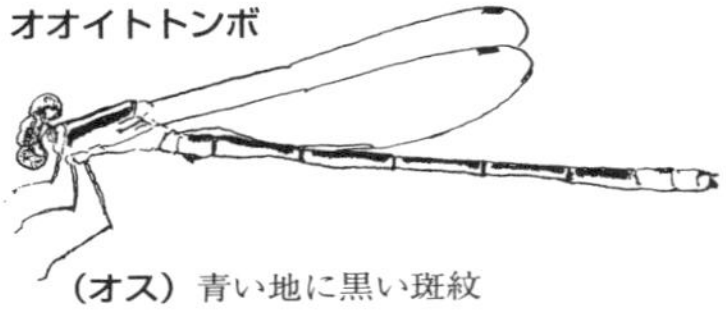

（オス） 青い地に黒い斑紋

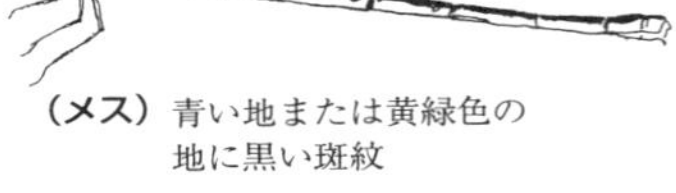

（メス） 青い地または黄緑色の地に黒い斑紋

クロイトトンボ

線がない
斑紋（眼後紋・がんこうもん）が小さい

オオイトトンボ

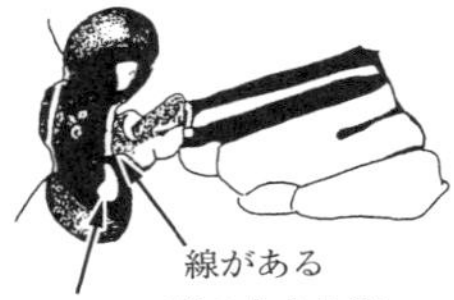
線がある
コンマ型の大きな斑紋（眼後紋・がんこうもん）

セスジイトトンボ

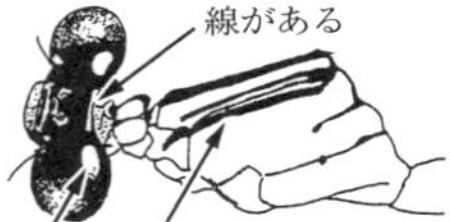
線がある
細い線に分かれている
だ円型の眼後紋（がんこうもん）

ムスジイトトンボ

線がない
細長い眼後紋（がんこうもん）
細い線に分かれていたり，いなかったり

図32：モノサシトンボ科

前羽と後羽が同じ形で同じ大きさ

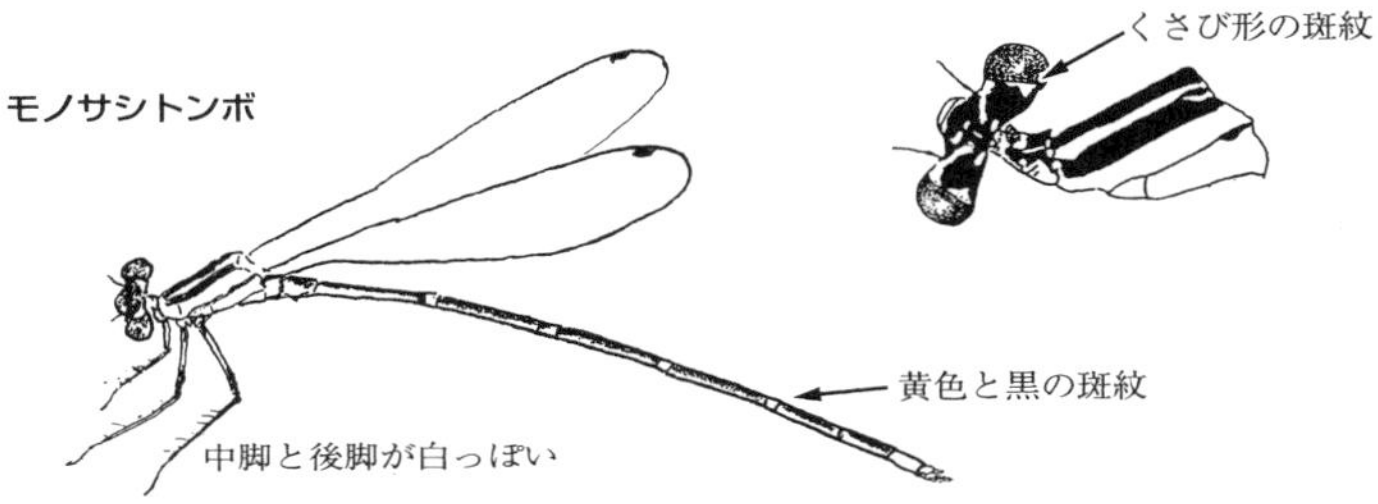
モノサシトンボ
くさび形の斑紋
黄色と黒の斑紋
中脚と後脚が白っぽい

図33：アオイトトンボ科

前羽と後羽が同じ形で同じ大きさ
羽の付け根が柄のように細くくびれている

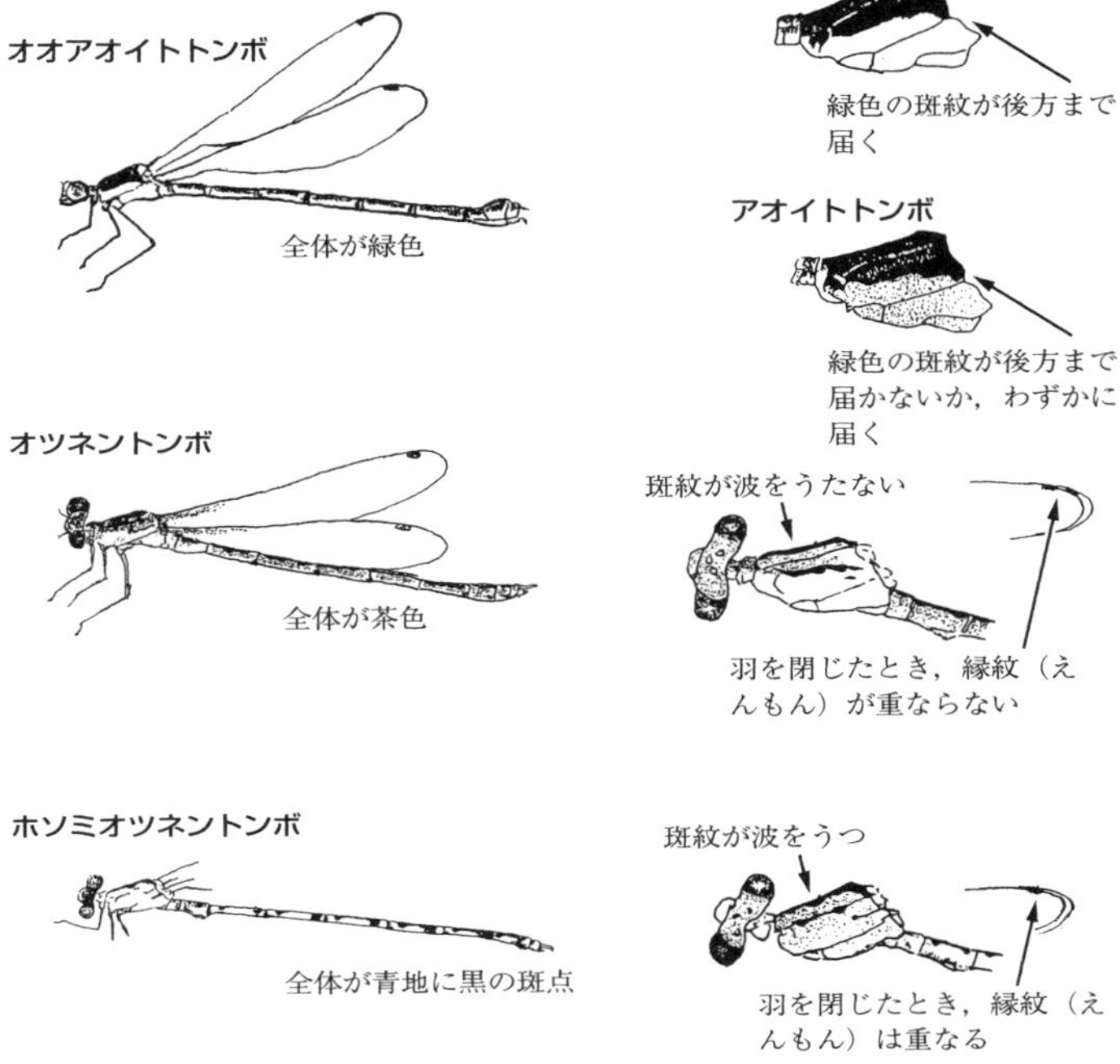
オオアオイトトンボ
緑色の斑紋が後方まで届く
全体が緑色
アオイトトンボ
緑色の斑紋が後方まで届かないか，わずかに届く
オツネントンボ
斑紋が波をうたない
全体が茶色
羽を閉じたとき，縁紋（えんもん）が重ならない
ホソミオツネントンボ
斑紋が波をうつ
全体が青地に黒の斑点
羽を閉じたとき，縁紋（えんもん）は重なる

おわりに

40年以上も追い続けても飽きることがないようなトンボの魅力を、どの程度伝えることができたのか、書き終えてみていささか不安である。トンボについて、これまであまり一般的には知られていなかった、その不思議な世界を紹介しようと試みたのだが、どの程度成功しただろうか？　皆さん方がイメージとして描いていたトンボの世界が、より具体的な姿となって伝わってくれたらと願っている。本書を読んで、「トンボって結構《けっこう》面白い生き物だな」と関心を持っていただければうれしいし、さらに「トンボを手にとってじっくり眺めてみよう、トンボの行動を覗《のぞ》いてみよう」と思う方が現れたら、いっそう幸せである。

トンボは昆虫の中ではよく知られた生き物であるが、その生態はあまり知られておらず、とくにヤゴについては分からないことだらけの未知の分野である。中高校生のクラブ活動のテーマとして、また、大学での研究材料として格好《かっこう》の素材ではないかとも思う。そんなわけで、いくつか仮説を提示したり、問題提起もしてみた。それらが検証されたり解明されたりすることにより、さらに不思議なトンボの世界が開かれ、その魅力が増すことであろう。

本書では、トンボについての初心者向きの解説書という面も考慮したが、しかし差し障りのない教科書的なものにはしたくないとの思いから、いささか独善的な記述が多くなってしまったかも知れない。ご意見やご教示、ご批判をいただければ幸いである。とくにパート3の見分け方については、ページ数の関係もあり、かなり中途半端なものになってしまった。トンボ研究者の方々からの批判を承知の上で、このような形での見分け方を試みたのだが、当然、異論のあるところだろう。私自身の経験から、初心者には絵合わせ的なものの方が取っつきやすいし、あまり詳しい解説はかえって理解をそこねるとの考えから、このようなかなりあっさりとした解説にしたのである。読者の方には、本格的な図鑑を使いこなすための第1歩と考えていただきたい。

私が40年もトンボを追い続けてきたのは、その魅力にとりつかれたからであるが、それと同時に、良き師と多くのトンボを愛する仲間に出会えたからでもある。とくに中学生になって初めて本格的な昆虫採集に行ったときに同行し、その後もおつきあいをいただいている松木和雄氏との出会いがなかったら、今日までトンボを追い続けることはなかったであろう。氏は現在、日本トンボ学会の中心的メンバーであり、私にとって親友であるとともに、トンボ研究のよきライバルでもある。氏とたたかわせたトンボ論議から多くのことを学ばせてもらった。ちょっと照れくさいが、この場を借りて有り難うと言わせてもらう。また、本書の出版をお引き受け下さり、的確な助言と励ましの言葉をくださったどうぶつ社の久木亮一氏に厚くお礼申し上げる。

索引
(斜体は図版頁を示す)

ア行

カ行

サ行

復刻によせて

本書は謎に満ちたトンボの世界に関心を持ってもらいたいとの願いを込めて、２００1年にどうぶつ社から出版したものである。

出版後10年以上経過し品切れの状態が続いており、二度と日の目を見ることはないと思っていたのだが、このたび復刻される運びとなった。著者としてこれほどの喜びはない。

この10年あまりの間に、インターネットが急速に普及し、ネットを通して様々な情報が交換され、子供の世界もゲーム機なしでは友達と遊べないような状況に変化した。虫を遊び相手に育ち、携帯電話さえ使えない私にとって、現代社会は別世界のように感じる。しかし、ヨチヨチ歩きの幼児は目ざとく道端のアリに目を留め、幼稚園児は生き物に興味を持つ。生き物に関心を寄せるという人類の本性は、今も昔も変わらないようで安堵する。

生き物は生き物から学び、成長するようにできているのではないだろうか。トンボをつかまえたときの興奮、触ったときの感触、死んでしまったときの悲しみ、それらはネットやゲームでは得ることができない記憶として子供たちの心に刻み込まれるに違いない。幸いなことに、まだ日本中どこでもトンボを目にすることができる。トンボとの直接的な触れ合いをとおして、子供達に生き物の不思議さを体感してもらえたらと願っている。

本書は、私自身が自分の目でトンボを追いかけていて抱いた素朴な疑問や、不思議に思ったことをつづったものである。そして自分なりの答えをひねり出してもみた。それは、犯人を特定するサスペンスドラマの刑事役になったような楽しい世界である。こんな楽しい世界を分かち合いたい。ぜひ子供達に知ってもらいたい。本書の復刻がその一助となれば望外の幸せである。

なお、本書の冒頭にあるクイズの第5問「外国には海の中で暮らすヤゴがいる」の答えが、ノーというのは誤りだとのご指摘を読者から頂いた。確かに潮だまりに生息するヤゴがいるので、「ノー」という答えは正しくないかもしれない。かといって、答えが、「イエス」というのには違和感を覚える。

本書は知識を伝えるのが目的ではない。こうした反論を抱いていただくことこそ、本書の狙いでもあるのだ。

復刻にあたりお骨折り下さったどうぶつ社の久木亮一氏、編集の労を取られた米田裕美氏をはじめ丸善出版株式会社の皆さまに心からお礼申し上げる。

2013年10月

新井　裕

著者紹介
新井　裕（あらい・ゆたか）
昭和 23 年東京生まれ。明治大学農学部卒業。埼玉県農林部の研究職員を 28 年勤めたあと早期退職し「NPO 法人むさしの里山研究会」を設立、目下、里山保全活動に専念中。著書に『トンボ入門』（どうぶつ社）、『赤トンボの謎』（どうぶつ社）、『里山再興と環境 NPO—トンボ公園づくりの現場から』（信山社）、『赤とんぼ（田んぼの生きものたち）』（農山漁村文化協会）、共著に『市民が作るトンボ公園』（けやき出版）、『みんなでつくるビオトープ入門—生き物がいる環境をつくるために』（合同出版）などがある。

トンボの不思議

平成 25 年 11 月 25 日　発　行

著作者　新　井　　裕

発行者　池　田　和　博

発行所　丸善出版株式会社
〒101-0051　東京都千代田区神田神保町二丁目17番
編集：電話(03)3512-3265 ／ FAX(03)3512-3272
営業：電話(03)3512-3256 ／ FAX(03)3512-3270
http://pub.maruzen.co.jp/

印刷・製本／藤原印刷株式会社
装幀／戸田ツトム ＋ 山下響子

ISBN 978-4-621-08789-3　C0040　Printed in Japan

本書は、2001年7月にどうぶつ社より出版された同名書籍を再出版したものです。